KB263523

국내외 대체식품 관련 산업분석 보고서 2024개정판

저자 비피기술거래 비피제이기술거래

㈜ 비티타임즈

01

서론

1. 서론

[그림 2] 대체식품

　최근 우리 주변에서 대체식품을 이용한 다양한 음식을 맛볼 수 있는 기회가 늘어나고 있다. 과거 대체식품은 가격과 소비자 인식 등의 이유로 인해 실제로 맛볼 수 없었지만, 기술의 발달로 인해 다양한 플랫폼을 통해 손쉽게 대체식품을 구할 수 있게 되었다.

　소비자들은 건강, 환경 등의 다양한 이유로 대체식품을 선호하고 있다. 사실 채식에 대한 관심과 식물성 식단 연구는 이미 과거부터 이어져왔으며, 현대인들에게 새로운 개념은 아니다. 특히, 콩 고기로 잘 알려진 식물성 고기는 건강 증진, 환경 보호, 자연자원 보존, 동물 복지라는 사회적 가치 측면에서 소비되곤 했다.

　그런데 최근 몇 년간 채식, 대체육에 대한 관심이 높아지며 새로운 트렌드를 형성 하고 있다. 이는 소비 세대의 교체와 밀접한 연관이 있다. 최근 다양한 기업들이 주목하는 신인류 소비자인 MZ세대는 밀레니얼(Millennials)와 제너레이션(Generation)이 합쳐진 단어로 1980년대 초부터 2000년대 초 출생한 세대다. MZ세대는 스스로의 만족을 중시하며, 자신이 좋아하는것에 투입하는 돈이나 시간을 아끼지 않는 성향을 가지고 있으며, 다양성에 대한 존중이 높다는 특징이 있다. 이에, 기존의 식재료에 대한 새로운 관점의 접근, 대체식품의 기존의 장점이 다시 부각되는 모습을 보이고 있다.

　본 보고서에서는 푸드테크를 기반으로 한 대체식품의 시장, 기술, 특허, 기업, 정책 동향을 살펴봄으로써 향후 높은 성장이 예상되는 대체식품 산업을 살펴보고자 한다.

---

1) MediaSK

02

푸드테크 개요

2. 푸드테크 개요
가. 푸드테크 정의

푸드테크(Food Tech) 산업은 식품(Food)와 기술(Technology)이 접목된 신산업으로 식품의 생산, 유통, 판매 등 관련 분야의 기술적 발전을 의미한다. 푸드테크를 광의적 개념과 협의적 개념으로도 살펴보자면, 먼저 광의적 개념으로는 농업(Agriculture)과 신기술이 접목된 의미로 애그테크(AgTech)를 포함하며, 전통농업과 식품산업의 생산부터 보관, 유통 그리고 판매까지 식품산업 전반에 걸친 기술적 발전을 의미하기도 한다. 다음으로 협의적 개념으로는 농업과 기술을 결합한 팜테크(Farm Tech)나 음식의 주문, 포장, 배달 등에서의 O2O(Online to Offline, 온라인 오프라인 연계)만을 포함하는 개념으로 사용되기도 한다.

아직 푸드테크에 대한 정확한 정의는 없지만 국내외 선행연구에서 가장 많이 인용되고 있는 것은 푸드테크연구소(Institute of Technology: IFT)의 정의로서 음식의 주문, 선택, 저장, 가공, 유통, 포장 등에 사용되는 기술로서 정의한다.

푸드테크 산업은 특징에 따라 농작물의 생산에 관련된 스마트 농업, 식품가공의 안전성과 자동화에 관한 스마트 식품가공, 농작물의 유통에 관한 스마트 식품 유통, 미래에 대응할 수 있는 미래 대체식품, ICT 융복합 등의 5가지로 구분할 수 있다.

영역	세부 영역
스마트 농업	스마트팜, 애그테크, 스마트 농기계, 바이오 소재
스마트 식품가공	협동로봇, 식품안전, 스마트 가공기기
스마트 식품유통	O2O, 옴니채널, 스마트식품 유통
미래 대체식품	식용곤충, 식물성 고기, 배양육
ICT 융복합	3D 푸드 프린터, 스마트 키친, 키오스크

[표 1] 푸드테크 산업의 구분

나. 푸드테크 발전 배경[2)

1) 환경적 배경

2022년 UN이 발표한 세계인구전망보고서에 따르면 세계 인구는 80억 명을 넘어섰다. 2050년에는 97억 명을 돌파, 2100년에는 전 세계 인구가 109억 명이 될 것으로 예상하고 있으며 2050년에 이르면 지금보다 두 배 이상의 식량이 필요할 것이라고 유엔식량농업기구(FAO)는 전망했다.

더욱이 인구 증가로 인한 식량 부족 문제를 넘어 식량 생산을 위한 환경 파괴 가능성도 심각하게 부각되고 있는 상황이다. 가축을 사육할 때 발생하는 분뇨 등이 직접적으로 환경을 오염시키기도 하고, 소, 양고기 등을 1그램 생산할 때 콩류를 재배할 때보다 수 백 배 높은 수치인 221.63gCOe의 온실가스가 배출되기 때문이다.

가축을 기르면서 발생하게 되는 각종 질병도 우려된다. 전 세계적으로 광우병, 구제역, 조류독감 등이 발생하여 먹거리 시장에 큰 혼란을 야기했었고 한국에서도 2017년 계란 살충제 문제로 계란을 먹지 않는 상황이 벌어지기도 했다.

푸드테크는 인구 증가 및 환경오염 문제들을 해결하기 위한 신산업이다. 그 방법으로는 식물성 고기, 세포 배양육, 곤충 등 새로운 단백질 공급원을 찾는 것부터 친환경 음식물 처리 방법까지 매우 다양하다.

2) 기술적 배경

스톡앱스(Stockapps)가 제공한 데이터에 따르면, 2021년 7월에 휴대폰 사용자들의 수는 거의 53억 명에 이르렀으며 이는 세계 인구의 67%에 해당한다.[3) 모바일 사용자의 증가는 O2O(Online to Offline) 인프라를 활성화시켰으며 그 결과 푸드테크는 개인의 삶 속에 더욱 깊숙이 들어오게 되었다. 특히 스마트폰 보급률이 96%까지 확대되면서 소비자들은 다양한 애플리케이션을 실생활에 이용하고 있으며 소비자의 생활 방식 변화와 함께 사회적 산업 변화를 주도하고 있다.

현재 푸드테크 산업은 범위가 날로 확대되고 있다. 자율주행 차량이나 드론 등을 활용해 유통 혁신을 꾀하기도 하고, 햄버거를 만들거나 피자를 굽는 로봇, 3D 프린터를 통해 만드는 코스 요리, 인공지능과 빅데이터를 이용한 마케팅 까지 그 범위의 한계를 알 수 없을 정도이다. 기술의 발전이 기존의 산업을 변화시킴과 동시에 새로운 산업도 창출하고 있다.

---

2) 세계 푸드테크 산업의 동향과 전망, 장우정, Journal of the Korea Convergence Society Vol. 11. No. 4, pp. 247-254, 2020
3) 세계 스마트폰 사용자 53억명 돌파...세계 인구의 67%, Korea IT TIMES

3) 사회 경제적 배경

　정보통신기술의 발달, 식품산업의 성장과 더불어 인구구조학적, 사회.경제적 변화도 푸드테크 산업의 성장을 이끌고 있다. 통계청의 발표에 따르면 맞벌이 부부 비중은 2021년 46.3%에 달한 이후로도 꾸준한 상승세를 유지하고 있다. 1인 가구가 급속도로 증가하고 있고, 이전보다 훨씬 더 많은 여성들이 사회로 진출했으며, 통신과 기술의 발달로 퇴근 후에도 업무에 매달리거나 야근이 생활화 될 정도로 바쁜 현대인의 삶은 가족의 식생활을 외부로 돌리는 역할을 했다.

　편리함과 현재의 만족을 추구하는 소비자의 트렌드가 욜로족(YOLO : YOU ONLY LIVE ONCE)이라고 불리는 세대와 합쳐져 자신의 경제적, 시간적 여유에 맞춰진 소비를 가능하게 해 주는 배달앱 분야의 푸드테크를 확장시킨 것이다.

다. 푸드테크 현황[4]

1) 해외 동향

가) 미국

미국에서는 2014년부터 푸드테크 스타트업이 활성화되었다. 2019년 한 해에만 25억 달러에 육박하는 투자가 푸드테크 분야에 이루어지는 등 기업들은 푸드테크의 성장 잠재력을 높게 평가하면서 투자를 아끼지 않고 있다.

미국은 푸드테크 창업을 지원해주는 육성기관인 '키친 인큐베이터(kitchen incubator)'가 160여개에 이르고 있으며 특히 미래 먹거리 개발에 많은 투자가 이루어지고 있다. 푸드테크 유니콘 기업에 미국 업체들이 가장 많은 것을 보더라도 미국 내에서 푸드테크에 대한 관심과 투자가 상당하며 안정적으로 발전하고 있다는 것을 짐작할 수 있다.

그 중에서도 유전공학의 결과물인 대체육이 맛과 식감에 있어서도 실제 고기와 구별하지 못할 정도의 품질로 흥행을 주도하고 있다. 최근 아프리카 돼지 열병으로 대체육에 대한 소비자들의 관심이 폭증하여 관련 주가까지 상승하는 결과를 낳았다. 시장조사업체 유로모니터는 미국의 대체육 시장이 2020년 49억 4,000만 달러에서 2023년 60억 4,000만 달러로 커질 것으로 예상하고 있으며 전 세계 대체육 시장은 2023년 212억 달러에서 2025년 321억 달러로 성장할 것으로 전망하고 있다.

미국 푸드테크 산업에서 투자가 집중되고 있는 또 다른 영역은 푸드 로봇이다. 로봇이 햄버거, 피자 및 커피도 만들고 직접 서빙도 한다. 미국은 높은 임대료와 인건비로 인해 최근 푸드 로봇에 대한 활용이 증가하고 있으며 이를 통해 효율성을 향상시키고 있다.

나) 중국

모바일 기반의 O2O 서비스는 전 세계에서 중국이 가장 앞서가고 있다. 연간 20%의 규모 성장은 물론 사용자 수도 연간 18%씩 증가하고 있다. BAT라고 불리는 중국 3대 인터넷 기업 바이두(Baidu), 알리바바(Alibaba), 텐센트(Tencent)는 세계 제1의 인구수와 탄탄한 경쟁력을 앞세워 빠르게 사업 다각화를 추진하면서, O2O, 신선식품 및 이커머스 스타트업에 대한 투자를 진행했다.

알리바바가 최대 주주인 어러머는 O2O 서비스를 통해 음식을 배달한다. 어러머는 '식당관리 시스템(NAPOS)'을 구축하고 회원 가입비로 수익 모델을 개선하여 소상공인의 수수료 불만을 줄이는 것과 동시에 영세 식당들의 경영 시스템을 교육하는 등의 관계 커뮤니케이션을 실행하였다. 단순히 '배달 대행'을 하는 업체에서 벗어나 음식의 주문부터 배달을 확인하는 전 과정을 시스템화하였고 위기를 극복하고 상생을 모색하였다.

중국 대표 공동구매 사이트인 메이투안디엔핑은 배달 플랫폼 다종디엔핑과세 합병하면서 볼

---

4) 세계 푸드테크 산업의 동향과 전망, 장우정, Journal of the Korea Convergence Society Vol. 11. No. 4, pp. 247-254, 2020

룸을 키웠고 텐센트의 투자를 받게 되어 현재 중국 O2O 배달시장 점유율 1위까지 성장했다. 바이두의 와이마이는 유일하게 전 자동화 스마트 물류시스템을 운영하고 있어 도착예정시간을 실시간으로 전달하는 경쟁력 있는 회사이다. 메이투안디엔핑, 어러머 등 배달앱은 또한 많은 일자리를 창출했다. 배달앱의 성장으로 배달원이 많이 필요하게 됨으로써 메이투안디엔핑의 70퍼센트가 넘는 배달기사가 도시 이외 지역 출신이며 이 중 절반 정도가 빈곤지역에서 나와 직장을 구할 수 있었다. O2O 서비스를 중심으로 급성장한 푸드테크 산업이 중국의 빈곤 퇴치에 중요한 역할을 한다고 볼 수 있다.

다) 영국

영국 푸드테크의 강점은 단순한 아이디어에서 유니콘 기업이나 Just Eat 및 스타트업 장려기업까지 많은 신생 기업들이 다양하게 존재한다는 것이다. 또한 각 단계에 맞는 많은 투자자들의 수와 다양성이 산업 발전의 중요한 주된 키라고 할 수 있다.

멀터스미디어 (Multus Media)는 영국의 식품생산 연구 스타트업으로, 세포 배양을 통해 농축산물을 생산하여 인간에 필요한 다양한 단백질, 지방 및 탄수화물 등을 만든다. 멀터스미디어는 기존 방식의 농축산업으로 발생했던 토지 낭비와 온실 가스 배출을 감축하는 것을 목표로 식품산업 선도를 모색하고 있다.

채식주의자가 증가하면서 인기를 얻게 된 잭앤브라이(Jack & Bry)는 비건 푸드를 개발하는 푸드테크 스타트업이다. 더 건강한 먹거리를 찾는 소비자가 증가하는 추세에 맞춰 맛있는 비건 푸드를 슬로건으로 내세운 뒤, 과일이 원료인 페퍼로니를 개발해 피자 등에 활용하고 있다.

대체감미료 회사 스템은 식물에서 천연 저칼로리 설탕 성분을 정제 방법을 특허 출원했다. 영국은 비만방지를 위해 '설탕세'를 도입하자는 요구가 나올 정도로 설탕 대체식품에 대한 강한 요구가 있는 나라이다. 스템의 대체 감미료는 쿠키, 케이크 및 사탕을 자연 재료를 이용해 만들 수 있어 인기를 끌고 있다.

미미카(Mimica)는 신선도 측정기를 제조했다. 소비자들은 측정기를 이용해서 식품을 직접 측정하고 오염 여부를 확인하여 섭취할 수 있는지 여부를 결정할 수 있다. 단순히 기재된 유통기한이 지나면 먹을 수 있는 음식임에도 버려지는 것이 많다는 생각으로부터 출발한 이 회사는 과도한 음식물 쓰레기를 줄여 환경을 지키는데 이바지하고 있다.

라) 프랑스

유럽 최대 국가이자 제 1의 농업국가인 프랑스도 미국과 마찬가지로 미래 인류 식량난을 대비하여 대체 식량을 연구하고 개발하는데 초점을 맞추고 있다. 초기에는 다른 나라들처럼 배달 및 소매분야의 투자가 가장 활발했으나 2018년부터 어그테크와 푸드 서비스 분야로 투자의 중심이 변화하고 있다.
어그테크는 농업(Agriculture)과 기술(Technology)의 합성어로, 드론, 사물인터넷, 인공지능

등을 이용한 스마트팜, 도시농업, 대체식품산업 등이 포함된다. '미모사(Miimosa)'는 2015년 만들어진 대표적인 어그테크 스타트업으로 프랑스에서 최초로 선보인 농업 분야 펀딩 플랫폼이다.

'에킬리브르(Ekylibre)'는 농업 전문 앱으로 토지부터 농업관련 법적 규제는 물론 회계 관리까지 가능하게 해 준다. '위낫(Weenat)'은 토양, 날씨분석, 결빙 등 농업에 필요한 전문적이고 기술적인 정보를 제공하는 앱으로 농업을 하며 발생하는 의사결정사항을 도와준다. 한편 음식 낭비 방지를 위해 제작된 애플리케이션들도 큰 인기를 끌고 있다. '투굿투고'는 빵집부터 호텔 조식 식당까지 당일 판매되지 못해 폐기되어야 하는 재고식품을 폐점 시간에 매우 저렴한 가격으로 이용할 수 있도록 업체와 소비자를 연결해 주는 앱이다. 음식에 대한 자부심이 높은 프랑스는 전통적인 식재료에 대한 관심이 많아 식재료 생산자와 소비자의 직거래가 가능한 애플리케이션도 인기를 끌고 있다.

라. 국내 동향

한국에서도 다양한 분야에서 푸드테크 바람이 거세게 불고 있다. 배달음식 주문 서비스로부터 시작해 최근 생산과 유통 분야에도 다양한 스타트업이 등장하고 있으며 대기업의 투자도 확대되고 있다. 그러나 미국, 유럽 등과 비교해 보면 산업의 범위나 투자의 양에서 볼 때 상대적으로 활발하다고 보기 힘든 상황이다.

실제로 현재 스타트업 네트워크 로켓펀치에 등록된 푸드테크 업체는 94개이다. 블록체인 스타트업이 488개, 인공지능 스타트업 357개, O2O 스타트업이 621개인 것과 비교하면 푸드테크 업체들이 현저히 적은 편이다. 또 94개 업체들 중 상당수는 유통업체 이거나 음식에 관한 정보를 제공하는 서비스에 그치고 있어 음식에 기술을 직접 적용하고 있는 곳은 더 적다.

1) 식품배달

모바일쇼핑 거래액 중 배달음식 주문 등 음식서비스 거래액은 9조 145억 원으로 2015년에 비해 90.5%나 급증하였다. 여성의 사회적 진출로 인한 맞벌이 가정과 1인 가구의 증가는 배달앱의 수요를 더욱 가속시키고 있다. 식품 배달앱 사업의 성장세는 매우 가파르다. 2013년 3,347억 원 규모였던 시장이 2018년 3조원으로 성장하였으며 관련 이용자도 87만 명에서 2,500만 명으로 큰 폭의 성장세를 보였다.

'우아한 형제들'이 운영했던 '배달의 민족'은 유니콘 업체가 되었으며 이들의 기업 가치는 3조 원으로 평가받았다. 배달앱 사용자는 바쁜 생활에서 적은 시간과 노력 투자로 손쉽게 다양한 음식을 접할 수 있게 되었고, 마케팅 역량이 부족한 영세 외식 사업자들도 고객유치와 매출 극대화를 위해 배달앱을 적극적으로 활용하고 있다.

한국에서 음식배달이 활성화된 이유는 한국 시장 특유의 환경 영향도 있다. 업계 전문가들은 한국에는 인구가 과밀하고 밤늦도록 일하는 문화가 있으며 야식을 즐겨먹기 때문에 배달시스템이 성장하는 데 큰 역할을 했다고 분석하고 있다.

2) 스마트팜

통계청의 2022년도 자료에 따르면 2021년에 비해 농가는 0.8%, 농가인구는 1.8%가 감소했다. 전체 농가인구 역시 65살 이상의 고령 인구 비율도 49.8%로 높아졌다. 이에 정부는 청년들의 농촌 유입을 독려하고, 수출산업으로서 농업경쟁력을 확보하는 등 농업 현안을 해결하기 위해 ICT를 기반으로 하는 기술적 선진 농업을 국가의 핵심 선도 사업 중 하나로 선정하여 스마트팜을 도입하는 정책을 추진하고 있다.

스마트팜은 농림축산물을 생산하고 가공하며 유통하는 전 단계에 정보통신기술(ICT)을 각각 융합한 것으로 사물 간 통신(M2M) 기술을 이용해 농작물에 최적화된 온도, 습도, 이산화탄소, 토양 등을 자동으로 유지하고 원격으로 점검 관리 할 수 있는 시스템이다.

2021년 서울 지하철 7호선 상도역에 생긴 메트로팜은 스마트팜의 선두주자로 알려진 농업회사 팜에이트와 서울시 그리고 서울교통공사가 함께 만든 수직 실내농장이다. 메트로팜을 통해 도심에서 날씨와 병충해로 인한 피해 걱정 없이 신선하고 안전한 채소를 기를 수 있고, 물류비와 유통비가 절감되어 소비자들은 더 저렴하게 농산물을 제공받을 수 있다.

3) 인공지능과 로봇

대기업에서는 인공지능과 빅데이터를 통해 신제품 개발과 마케팅에 활용할 스타트업 투자 펀드를 조성하고 있다. 식품업계의 대기업인 CJ제일제당은 150억 원 규모의 푸드테크 스타트업 펀드를 출자해 산업을 육성할 계획이다.

롯데제과는 최근 트렌드 예측 시스템 엘시아를 도입하였다. '엘시아'는 인공지능(AI)를 통해 소비 패턴 및 각종 자료 등을 종합적으로 판단하고 식품에 대한 미래 트렌드를 예측하여 신제품을 추천해준다. 식당 '육그램'에서는 인공지능을 활용한 에이징룸에서 고기를 숙성시켜 손님들에게 제공하고 고기가 가장 맛있어지는 온도를 데이터화하였다.

푸드테크 산업에 서빙로봇이나 로봇쉐프 등도 등장하고 있다. '달콤커피', '티로보틱스', '상화' 등이 차례로 바리스타 및 카페 봇을 선보였으며 LG전자는 요리하는 로봇 '클로이 셰프봇'을 개발해 등촌점 '빕스'에 설치했다. 또한 '우아한형제들'이 렌탈하고 있는 자율주행 서빙로봇 '딜리플레이트'는 2022년 기준 전국적으로 식당 750곳에서 1200대가 운영되고 있다.

배달앱으로 시작한 국내 푸드테크 산업은 현재 스마트팜, 푸드로봇, 인공지능 시스템 등으로 그 범위를 확장하고 있으며 이에 따라 새로운 일자리도 늘어나고 있다. 한국푸드테크협회는 향후 10년간 새로운 일자리가 약 30만개 정도 창출될 수 있다고 예상하고 있다. 국내 시장 점유율 67% 이상을 차지하는 '배달의민족'의 경우 2018년 1월에는 1,800만 건이던 월간 주문 수가 2019년 2,700만 건까지 늘더니 올해 1월에는 4,000만 건에 달했으며 운영기업 '우아한형제들'의 직원 수도 2018년 700여 명에서 2020년 1,400여 명에서 2023년 현재 2,010명으로 증가했다.

배달앱 시장의 폭발적 성장 가능성에도 불구하고 실제 국내에는 제도적인 어려움이 많다. 안병익 식신 대표에 따르면 온라인에 맞지 않는 오프라인용 규제들로 인해 신생 푸드테크 스타트업들이 원활한 서비스를 제공하기 쉽지 않아 관련 산업이 크게 위축되고 있다.

마. 푸드테크와 코로나19[5][6]

푸드테크는 신종 코로나 바이러스 감염증(코로나 19) 사태로 불거진 4가지 식품 이슈의 해결 대안으로 떠올라 더욱 주목받고 있다. 4가지 식품 이슈를 살펴보면 다음과 같다.

1) 식량안보

세계 인구 증가로 육류 소비가 늘어날 것으로 예상되는데, 자원이 유한하다보니 육류 생산으로 인한 환경부하가 상당할 것으로 예상된다. 게다가 코로나19 이후 농식품 교역도 원활하지 않아 식량난에 대한 우려가 더욱 커졌다. 전문가들은 식용곤충·배양육 등 대체단백질로 육류 소비를 일부 대체하고, 스마트팜이나 스마트 식물재배기를 활용한다면 식량난과 식량안보를 해결할 수 있을 것으로 기대한다.

식량안보 문제를 조금 더 자세히 살펴보면, 곡물 가격의 동향을 먼저 살펴보아야 한다. 곡물 가격은 대두를 중심으로 2020년 8월 이후 가파른 가격 상승세를 보이고 있다. 이유는 기상이변이 빈번해지고, 미국, 남미 등의 작황 전망의 불확실성이 높아지고 있는데다가, 중국의 미국산 곡물 수입 확대, 코로나로 인한 수확철 인력난 등도 상승 요인으로 작용하고 있다. 또한, 라니냐 등 기상이변이 빈번해지며, 미국 남미 등의 작황 전망의 불확실성이 가중되고 있다.

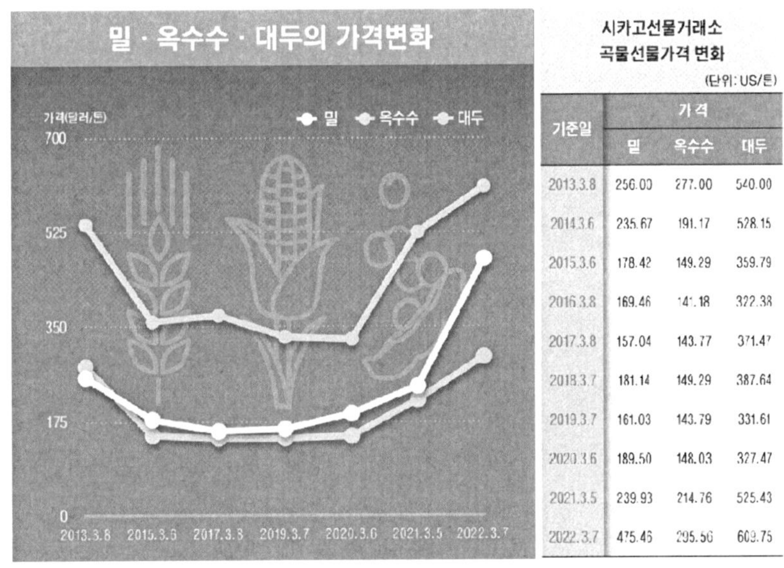

시카고선물거래소
곡물선물가격 변화

(단위: US/톤)

기준일	가격		
	밀	옥수수	대두
2013.3.8	256.00	277.00	540.00
2014.3.6	235.67	191.17	528.15
2015.3.6	178.42	149.29	359.79
2016.3.8	169.46	141.18	322.38
2017.3.8	157.04	143.77	371.47
2018.3.7	181.14	149.29	387.64
2019.3.7	161.03	143.79	331.61
2020.3.6	189.50	148.03	327.47
2021.3.5	239.93	214.76	525.43
2022.3.7	475.46	295.56	609.75

[그림 4] 주요 곡물 가격 동향

이에 더해 중국의 미국산 곡물 수입 확대, 코로나로 인한 수확철 인력난, 물류비 인상 등도 상승 요인으로 작용하고 있다. 홍수에 따른 작황 부진, 아프리카돼지열병 이후 급감했던 돼지 사육두수 회복, 미국산 농산물 구매합의 이행 등으로 중국 수입수요가 확대하고 있다. 세계

---

5) [전문가의 눈] 식품산업 신성장동력 푸드테크 육성을, 농민신문, 2020.07.27
6) [지식정보] 푸드테크 산업, 리테일온, 2021.02.04

전체 곡물 수요에서 중국수요가 차지하는 비중은 24.1% 수준으로, 중국의 영향으로 가격이 상승하고 있다. 중국 돼지사육 두수는 2018년 말 4.3억 마리에서 아프리카돼지열병 발생 후 3.1억 마리까지 급감하였으나 2020년 3/4분기 3.7억 마리까지 회복되었다.

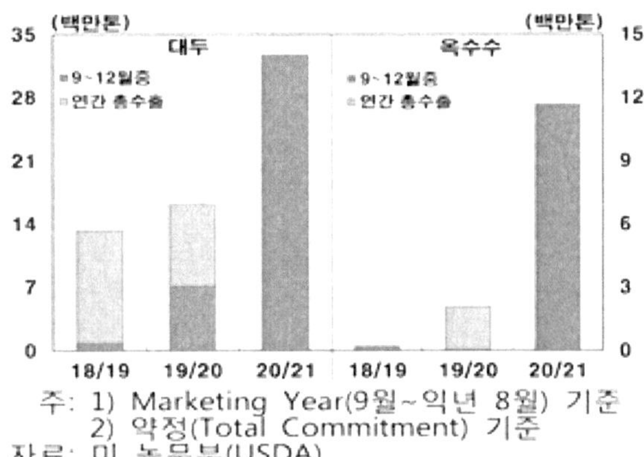

[그림 5] 미국산 곡물 대 중국 수출량

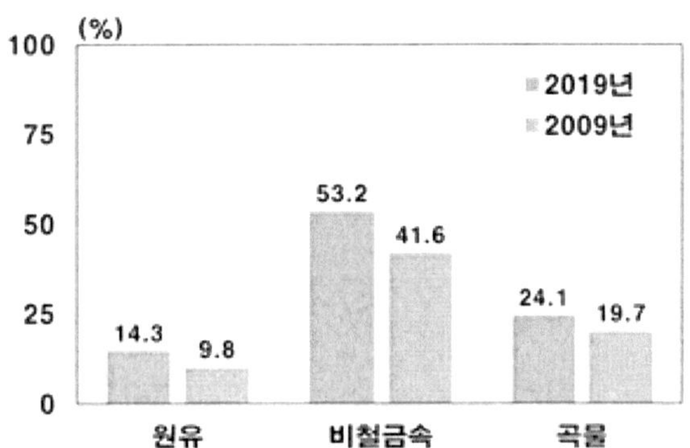

[그림 6] 중국 수요 비중

 곡물 가격은 수요가 경기변동에 비교적 덜 민감하지만, 공급은 기상이변, 병충해 등으로 예측이 어렵고 수확량도 조절이 비탄력적이어서 작황 등 개별 요인의 영향이 크다. 곡물은 물가와 상관성이 높다. 세계기상기구가 2020년 10월 라니냐 발생 발표에는 곡물 주산지인 남미(20.8~12월)와 미 남부지역(20.10~21.4월)에 건조한 날씨가 이어진다는 내용이 포함되어 있다.

2) 비대면 소비트렌드

 코로나19 사태로 비대면 거래가 늘어나면서 농식품 온라인 거래가 급증했다. 이 과정에서 배달 애플리케이션이나 O2O(Online to Offline·온라인 구매 후 오프라인에서 상품을 받는 방식) 서비스 등의 역할이 중요했다. 더 나아가 외식업체에서 식품제조·서빙·배달 등에 로봇이 활용되고 있다.

 또한, 정부는 2021년부터 '농촌공간정비프로젝트'의 일환으로, 지역 푸드플랜의 성공적 정착과 식재료의 안정적 수급관리를 목표로 공공급식 통합 플랫폼을 구축했다.

분야	항목	내용
사회·복지 분야	공공급식 통합 플랫폼 구축	지역 학교급식 외에 유치원·어린이집·군대·사회복지시설·공공기관 등으로 공공급식 영역을 확대하기 위해 공공급식 통합 플랫폼을 구축했다. 플랫폼 구축을 통해 수요·공급자 간 수발주, 계약은 물론 정산 정보에서부터 급식지원센터별 계약량·재고량 등 국내 식재료 유통 현황에 대한 체계적 관리가 가능해졌다. 또한, 플랫폼을 통해 국민들에게 급식 농산물의 산지정보·지역특산·식품안전·식단레시피 등 다양한 정보를 제공하고있다. 2021년 구축이 완료되었고 2022년부터 서비스가 제공되고 있다.
농식품분야	농산물 도매유통 온라인 거래 확대	농산물 유통비용 절감과 물류 효율화를 도모하기 위해 추진하는 사업이다. 2020년 시범적용을 시작한 양파, 마늘, 사과에 이어 올 하반기부터 주요 채소·과수로 대상품목을 늘려나간다. 사진·영상 등 디지털 정보를 활용해 상품 확인 후 온라인에서 거래를 체결하고 상품은 구매자가 원하는 장소로 직배송된다.
농산업 분야	스마트팜 혁신밸리 운영	농식품부 주도하에 2022년까지 4개 거점 선정지 대상 혁신밸리가 조성되었다. 2018년 1차 스마트팜 혁신밸리 4개소(경북 상주, 전북 김제, 경남 밀양, 전남 고흥), 2019년 2차 지역(전남 고흥, 경남 밀양)가 순차적으로 완공돼 운영되고 있다. 혁신밸리 내 청년창업보육센터에서는 청년들을 대상으로 스마트팜에 특화된 실습 중심의 현장교육(20개월)을 실시하고, 청년들이 보육센터 수료 후 혁신밸리 내 임대형 스마트팜에서 적정 임대료를 내고 창농할 수 있도록 지원하고 있다. 스마트팜 실증단지에는 스마트팜 관련 기술의 실증을 위한 온실 및 시설·장비를 구축하고, 스마트팜 기자재 기업·연구기관 등을 위한 지원센터를 구축해 입주기업에게 사무 편의를 제공하고 있다.
	디지털육종 전환 지원	농식품부가 데이터 기반 육종 핵심기술 고도화와 데이터 연계 디지털 육종 활용 시스템 등 '디지털 육종 전환 지원 사업'을 추진하고 있다. 2021년부터 2025년까지 총 100억 원을 투자할 예정인데, 앞으로 종자 기업 디지털 육종 컨설팅, 맞춤형 분석서비스 지원, 디지털 육종 플랫폼 구축 등을 이어갈 계획이다.7) 디지털육종은 유전체 및 다양한 형질(오믹스)의 디지털화된 데이터를 활용해 맞춤형 종자 품종을 개발하는 기술이다. 본 사업은 농업기술실용화재단 종자산업진흥센터에서 시행되며, 공모를 통해 선정된 종자 기업 20개소에는 사업내용에 따라 디지털육종에 필요한 생물정보기업 전문 컨설팅, 대용량유전자분석, 병리검정, 기능성 성분 분석 등의 서비스가 제공된다.

[표 2] 농촌공간정비프로젝트

---

7) 차세대융합기술연구원 네이버 블로그 '글로벌 종자 시장 이제 K-종자가 접수한다!'

분야	항목	내용
축산 분야	축산물 도매시장 온라인 경매 플랫폼 구축	축산물 도매시장 거래는 그동안 대면으로 이뤄져 가축 전염병 발생 등에 따라 도매시장이 폐쇄될 경우 차질이 불가피했다. 이에 온라인으로 축산물(소·돼지) 영상, 등급 판정 등 정보를 제공하고 중도매인과 매참인 등 구매자는 온라인으로 경매에 참여할 수 있는 비대면 거래 시스템을 구축했다. 2021년 농협나주축산물공찬장에 온라인경매시스템을 적용하고 1년간 시범사업 후 지난해 7월 온라인 경매 사업을 본격 시행했다. 올 상반기 3개 도매시장에 추가 적용을 준비 중이며 하반기에는 도매시장 및 도축장 3개소를 신규 선정, 온라인 경매 인프라를 지원한 계획이다. 8)
R&D 분야	스마트팜 기술고도화 및 현장실증 연구개발 지원	스마트팜 융합·원천기술 개발·확산을 위해 '스마트팜다부처패키지혁신기술개발(R&D)' 사업이 신규 추진됐다. 농업분야 및 ICT 분야 산·학·연 연구자가 지원대상이다. 온실·축사 등을 스마트팜으로 한정해, 2세대 스마트팜의 현장 적용과 확산을 위한 기술고도화 및 현장 실증연구, 지능형 3세대 스마트팜 구현을 위한 융합·원천기술 개발 등 119개 세부과제에 대해 집중 지원하고 있다.

[표 3] 농촌공간정비프로젝트

3) 식품안전

정부가 일반 식품의 기능성 표시제도를 도입하면서 일반 식품도 과학적 근거를 갖춘 경우, 기능성을 표시할 수 있게 됐다. 이 제도는 기능성의 검증 방법 및 시기에 따라 3단계로 나눠 운영된다.

단계	일반 식품의 기능성 표시제도
1단계	• 홍삼, EPA·DHA 함유 유지 등 이미 기능성이 검증된 건강기능식품 기능성 원료 30종을 사용하는 경우다. • 이들 30종을 사용해 제조한 일반 식품은 고시 제정과 동시에 기능성을 즉시 표시할 수 있다.
2단계	• 새로운 원료에 대해 기능성을 표시하고자 하는 경우다. • 건강기능식품 기능성 원료로 새롭게 인정받은 후, 일반 식품에 사용하면 기능성 표시를 할 수 있도록 한다는 계획이다.
3단계	• 과학적 근거자료 사전신고제를 도입하는 것이다. • 법 개정을 통해 식약처가 과학적 근거자료를 사전에 검토할 수 있도록 할 예정이다.

[표 4] 일반 식품 기능성 표시제도

---

8) 올 상반기 3개 축산물도매시장에 온라인경매시스템적용, foodnews

기능성 식품표시 제도의 활성화와 발전을 위해서는 관련 법 개정 등 제도의 지속적인 개선이 필요하다. 정부는 식품 기능성 평가지원사업을 통해 건강기능식 원료 인정에 필요한 안전성 시험, In vivo, In vitro, 인체 적용시험 등을 지원해야 한다.

또한, 식약처, 농진청, 한식연 등이 모여 국산 소재 기능성 규명 협의체를 구성, 체계적 문헌 고찰(SR)을 통해 식약처 원료 등록 가능성 높은 국내산 기능성 소재 발굴을 추진해야 한다. 기능성 식품에 특화된 R&D 교육과정을 개설하고 산학 간 계약을 통해 산업계 수요를 반영한 프로그램을 운영, 기능성 식품 전문인력을 양성해야 한다. 이와 함께 국내 농식품기업의 기능성 식품 해외 진출 확대를 위해 수출 컨설팅, 현지화 지원, 해외인증 등록, 국제박람회 참가 등을 지원해야 한다.

4) 면역력과 영양균형에 대한 소비자들의 높은 관심

면역력을 높이기 위해 발효기술, 프리·포스트 바이오틱스 등 건강기능식품시장의 급성장이 전망된다. 고령층의 영양균형을 위해 3D 식품프린팅을 활용하는 방안도 고려되고 있다.

이 가운데 가장 주목받는 푸드테크는 단연 대체식품이다. 미국에서는 코로나19 사태 이후 타이슨푸드·스미스필드푸드 등 육가공 업체들의 공장 폐쇄로 육류 공급량이 부족해지자 비욘드 미트, 임파서블 푸드 등 대체식품 생산업체들이 반사이익을 얻었다. 하지만 국내에서는 대체 식품에 대한 소비자와 기업의 관심이 부족해 시장이 제대로 형성되지 않았다.

03

대체식품 개요

3. 대체식품 개요
가. 대체식품 정의[9]

대체 단백질 식품(대체식품)이란 전통적 방식으로 생산되어 온 식품 대신에 첨단 기술과 다양한 대체 단백질 소재를 기반으로 기존의 육류·해산물·유제품 등과 유사한 맛과 식감이 나도록 가공한 식품이다.[10] 동물 단백질을 대체한 식품으로, 식물성대체식품, 곤충단백질 대체식품, 배양육 등이 있다. 대체식품은 식물단백질 기반 제품, 곤충단백질 기반 제품, 해조류단백질 기반 제품, 미생물단백질 기반 제품, 배양육 총 5개 유형으로 구분할 수 있다.

1) 식물성 대체식품

식물성 대체식품은 식물에서 추출한 단백질을 이용하여 제조한 육류 유사식품(meat analog)으로 현재 대체육류 시장에서 가장 큰 비중을 차지하고 있다. 밀 글루텐 및 대두단백질이 식물성 대체육의 주요 원료이며 그 외에도 완두콩, 콩, 깨, 땅콩, 목화씨, 쌀, 곰팡이 등을 이용하고 있다.

식물성 단백질	원료
베타 콘글리시닌	대두
글리시닌, 비실린	콩
레구민, 알부민, 글로불린, 글루텔린	씨앗 기름
글루텐	밀, 호밀, 보리
마이코프로테인	곰팡이

[표 5] 주요 식물성 단백질 및 원료

예로부터 식물성 대체식품을 이용한 역사를 살펴보면, 1950년대 이전에는 밀 글루텐을 이용하여 식물성 대체식품을 제조하여 왔고 1950년대 후반에는 대두단백질을 이용하였으나 제조된 상품의 조직감이 기존 육류와 차이가 커 상업적인 성공을 거두진 못하였다. 하지만 그 이후 식물성 단백질 조직화와 관련한 연구가 지속됨에 따라 1970년대부터 여러 가지 모양과 조직감, 맛을 내는 식물성 대체식품의 생산이 가능해진 상황이다. 한편, 1964년 영국에서 곰팡이(Fusarium graminearum)를 이용하여 전분 부산물로부터 유래된 식물성 단백질을 개발하였으며 1985년부터 Quorn이라는 상품으로 시판하고 있다. 현재 Quorn 외에도 임파서블 푸드, 비욘드 미트, 에이미 키친, 컬드론푸드 등 여러 기업에서 다양한 종류의 식물성 대체식품을 생산하고 있고 소비자들에게 긍정적 반응을 얻고 있다.

식물성 대체식품을 원하는 소비자는 크게 종교적 신념 및 건강을 이유로 육류의 대체를 원하

---

9) 세계 대체육류 개발 동향, 세계 농식품산업 동향, 2018
10) 미래 먹거리 주목된 대체식품 투자동향, ceonews. 2022.04.08

는 채식주의자와 보다 경제적인 가격의 단백질 공급원을 원하는 소비자로 분류된다. 따라서 식물성 대체식품을 이용할 때 동물성 단백질 섭취 없이도 인체에 필요한 영양소를 공급하는 것이 중요하다.

현재 설계되어 시판되고 있는 식물성 대체식품은 단백질 함량이 높고 지방 및 포화지방산의 함량이 비교적 낮다. 특히 대두단백질의 경우 필수 아미노산 함량 및 단백질 소화율 보정 아미노산 점수(protein digestibility corrected amino acid score)를 기준으로 비교해 보았을 때 소고기와 비슷한 수준의 단백질가를 가지는 것으로 사료된다.

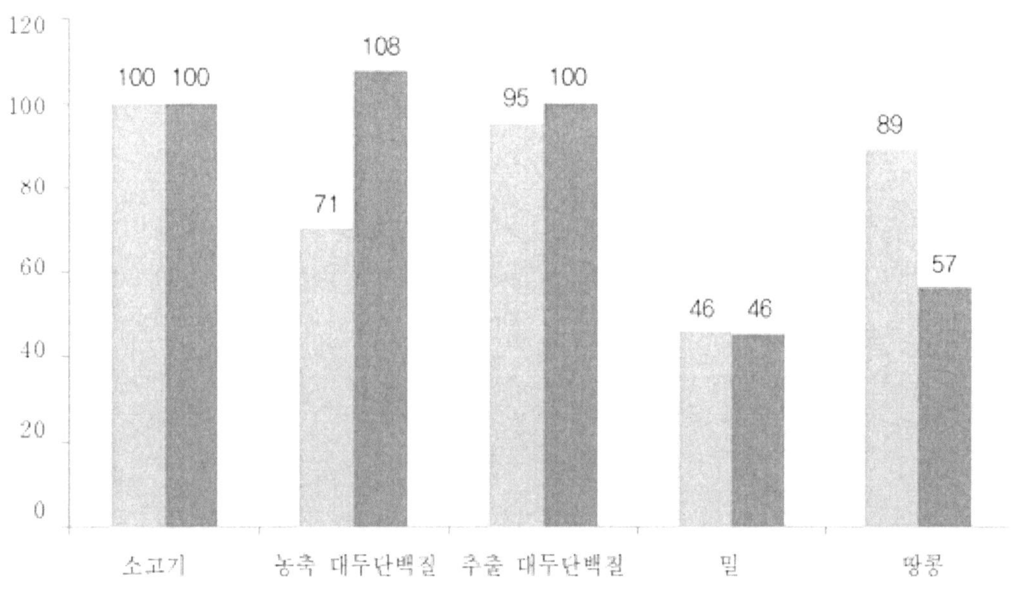

[그림 8] 소고기 대비 식물성 대체식품의 필수 아미노산 함량 및 단백질 소화율 보정
아미노산 점수 (단위: %)

또한 식물성 대체식품 생산 시 식물성 단백질이나 예로부터 식품의 소재로 활용해 온 부재료가 주를 이루기 때문에 그 안전성이 입증되어 있고 제조 중 생산비가 낮아 경제적인 것이 큰 장점이다.

2) 곤충 대체식품

곤충이란 절지동물 곤충 강에 속하는 소동물 모두를 총칭하며 몸이 머리, 가슴, 배로 나눠지고 6개의 발이 있는 구조적 특징을 가진다. 곤충의 종류는 크게 천적 곤충, 화분 매개 곤충, 환경 정화 곤충, 식용곤충, 약용곤충, 학습·애완 곤충, 사료용 곤충 등으로 나눌 수 있으며, 이 중 식용곤충이란 식용이 가능한 모든 곤충류를 의미한다.

현재까지 추산한 바로는 곤충은 지구상 약 130만 종이 존재하는 지상 최대 자원이며 이 중 약 1,900여 종이 식용으로 이용되고 있다. 갈색거저리, 흰점박이꽃무지 유충, 장수풍뎅이 유

충, 귀뚜라미 등이 대표적인 식용곤충이며, 주로 딱정벌레목, 나비목, 벌목, 메뚜기목, 노린재목, 흰개미목, 잠자리목, 파리목 등이 이용되고 있다.

곤충과 관련한 역사적 기록을 살펴보면 인간이 곤충을 섭취해온 것은 기원전 1400년경으로 최소한 3,000년 이상일 것으로 예상되며 약 5,000년 전 고대 중국에서 곤충을 섭취한 기록들도 있어 이는 인류가 생겨난 이래 지속적인 식량자원으로 이용되어 왔으리라 생각된다. 비록 아직까지 곤충에 대해서 혐오식품으로 인식하는 소비자가 대부분이지만 최근 들어 미래 식량자원으로 식용곤충이 급부상함에 따라 이에 대한 관심 또한 점차 증가하고 있는 추세이다. 현재 곤충을 섭취하는 인구는 세계적으로 약 20억 명에 달한다고 하며, 2050년 단백질 수요의 약 5%를 곤충으로 대체하면 관련 시장의 매출이 약 57조 원에 도달할 것으로 예상하고 있다.

과거 대부분의 곤충들은 자연에서 수렵, 채집 등의 활동을 통하여 확보되었으나, 향후 미래 식량자원으로 활용하기 위해서는 보다 지속적인 공급원의 마련이 필요한 실정이며 이에 따라 사육을 통하여 곤충을 생산하기 위한 노력들이 지속되고 있다. 곤충은 '변온성' 또는 '외온성' 동물로 체온의 유지에 별도의 에너지가 들지 않아 사육 시 가축에 비해서 사료의 소비가 적고, 소요되는 토지 및 물 등 자원의 소모와 환경오염 등의 위험이 비교적 낮으며 번식률도 좋아 사육 시 효율이 높고 그 활용 가능성이 크다.

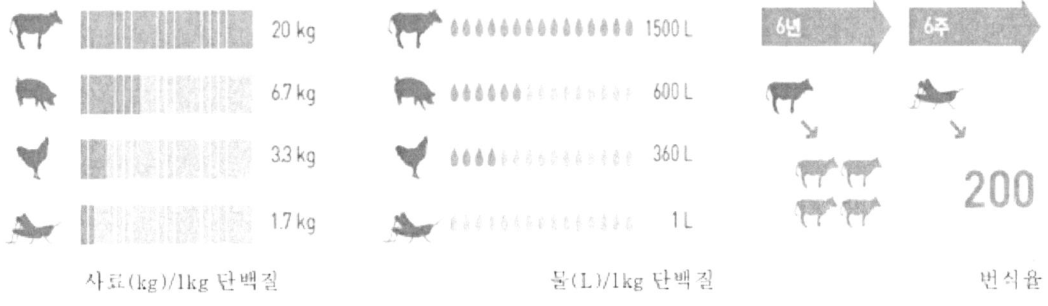

[그림 9] 곤충(귀뚜라미) 사육 시 식량자원으로서의 가치 비교

또한 곤충의 사육은 기존 가축의 사육에 비해 쉽고 적은 자본으로 시작 가능하여 누구나 참여할 수 있어 보다 쉽게 생계의 수단을 제공할 수 있으며, 가축의 분뇨를 이용한 사육도 가능하여 향후 축산 폐기물을 처리하는 좋은 수단이 되어줄 수 있다. 그 외에도 곤충은 지방의 함량이 적고 양질의 단백질과 미네랄 및 비타민은 풍부하여, 식육 단백질 대체 시 인간에게 필요한 영양소 공급이 충분히 가능할 것으로 보고되고 있다.

	갈색거저리	귀뚜라미	닭고기	돼지고기	소고기
단백질(g)	18.1 ~ 22.1	13.2 ~ 20.3	18.0 ~ 22.0	18.6 ~ 21.5	19.2 ~ 21.6
지방(g)	11.2 ~ 15.4	3.5 ~ 6.1	4.0 ~ 13.9	4.0 ~ 16.2	5.1 ~ 15.0
칼슘(mg)	42.9	49.8 ~ 287.0	6.8 ~ 12.0	6.0 ~ 10.0	5.0 ~ 8.3
철분(mg)	1.6 ~ 2.5	2.5 ~ 8.0	0.7 ~ 1.0	0.7 ~ 0.8	1.5 ~ 2.3
티아민(mg)	12.0	-	0.1	0.6 ~ 1.0	0.1
리보플라빈(mg)	0.8	3.4	0.1 ~ 0.2	0.2 ~ 0.3	0.2 ~ 0.3
니아신(mg)	4.1	3.8	4.9 ~ 7.7	4.9 ~ 6.9	4.1 ~ 5.3

[표 6] 가축 및 식용곤충 간의 영양성분 함량 비교

3) 배양육

 배양육(cultured meat 또는 in vitro meat)은 살아있는 동물체로부터 채취한 세포를 증식하여 생산하는 가장 대표적인 대체육류로서 주로 줄기세포들을 이용하여 동물의 조직을 배양한다. 2018년까지는 임신한 소를 도살하거나 유산시켜야 얻는 소태아혈청(FBS)이 사용되어 윤리적으로도 문제 있고, 경제적으로도 일반 고기보다 비쌌다. 하지만 2019년 이후 무혈청 배양액이 도입되어 윤리적 문제가 해결되었고, 경제적으로도 저렴해졌다.[11]

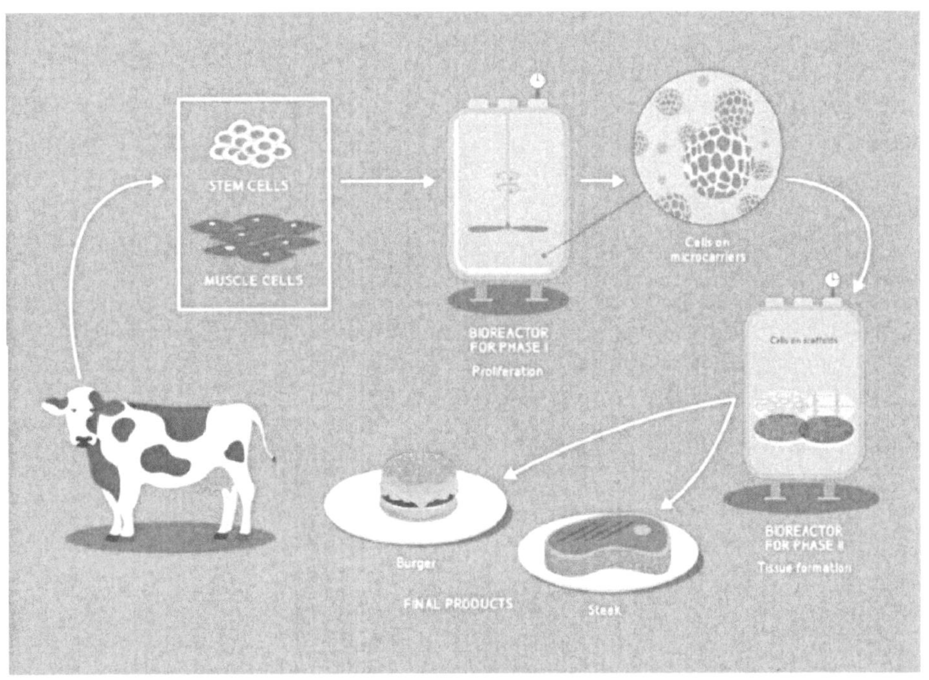

[그림 10] 배양육 제조 과정[12]

---

11) 배양육 역사, 나무위키

종류	분화방향	복제 가능 횟수
전능	모든 체조직 및 배아발달 세포	매우 높음
만능	대부분의 체조직 세포 (예: 배아줄기세포)	세포에 따라서 다양함 (예: 배아줄기세포 - 무제한)
다능	유래한 종류의 조직 (예: 성체줄기세포)	동물의 나이에 따라 다양함 (예: 성체줄기세포 - 50~60회)
단능	단일 조직	나이에 따라서 감소

[표 7] 분화능에 따른 줄기세포 종류 및 특징

1932년 영국의 총리였던 윈스턴 처칠은 그의 저서를 통하여 배양육의 가능성에 대해 처음 언급했다. 배양육과 관련한 역사를 살펴보면 1912년 닭 염통의 배양을 시도한 기록이 처음으로 확인되었으며, 이후 1971년 첫 배양이 성공한 사례가 보고된 바 있다. 또한 1999년 네덜란드 암스테르담 대학교의 빌렘 반 엘런 박사는 배양육 관련 이론으로 첫 국제 특허를 출원한 후 2002년 금붕어 배양에 성공하였으며, 2001년 미항공우주국에서 칠면조 고기를 배양하는 등 전 세계적으로 여러 연구진이 배양육과 관련한 연구를 진행하고 있다.

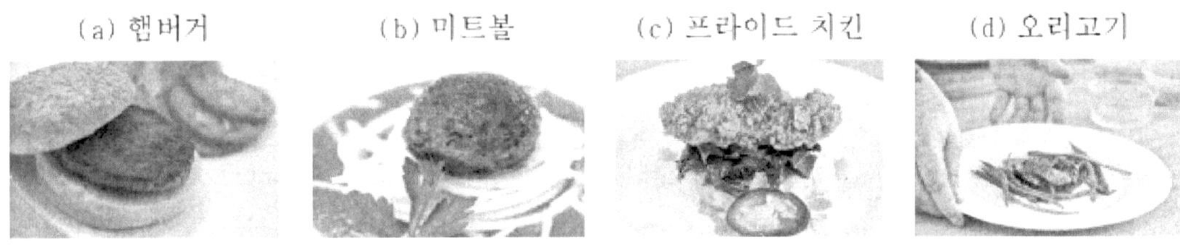

[그림 11] 배양육 제조 사례

그러나 먼저 언급한 식물성 대체식품과 곤충에 비해 배양육은 싱가포르에서 2020년 12월에 치킨너겟 형태의 세포배양육 시판을 승인한 전례를 제외하면, 국내는 물론 전세계적으로도 본격적인 상용화 단계에 이르지 못한 상황이다.13) 2013년 네덜란드 마스트리치대학의 마크 포스트 박사가 배양육을 이용하여 만든 햄버거를 공개하였으며 미국의 멤피스 미트가 2016년 미트볼을, 2017년 프라이드 치킨 및 오리고기 등을 제조하여 시연한 사례가 있다. 공개 당시 햄버거 가격이 3억 3,800만 원, 미트볼은 113만 원이었던 것에 비해 현재 생산 시 소요되는 비용은 100G당 2000원까지 절감된 상태로 마크 포스트 박사의 모사미트 등 일부 기업에선 배양육의 상용화를 목표하고 있다.

배양육은 지속적 생산이 가능하여 세계적으로 급증하고 있는 인구 모두의 수요를 충족할 수 있을 뿐만 아니라 다른 대체육과 달리 실제 동물성 단백질을 공급할 수 있어 대체육류 중 가장 관심 받고 있는 소재이다. 배양육 생산은 조직의 배양을 기반으로 함으로서 생산공정 중

---

12) 우주식량 '배양육'을 아시나요? [우리가 몰랐던 과학 이야기] (248), 세계일보
13) 세포배양 식품의 세계 현황과 발전 방안, 식품음료신문

가축의 사육을 배제하여 동물복지·윤리 및 환경문제 등을 최소화할 수 있다. 또한 모든 공정들을 무균환경에서 실시할 뿐만 아니라 GMP(Good Manufacturing Practice), HACCP(Hazard Analysis, and Critical Control Points) 등 기존 식품품질관리 시스템의 적용이 가능해 외부 오염이나 항생제 오남용을 방지하고 인수공통전염병, 식중독 등 여러 질병의 발생을 현저히 감소시킬 수 있어 보다 안전한 제품의 생산이 가능하다.

한편, 아직 연구단계지만 조직 배양 중 배지 조성 및 배양조건 등 환경에 따라서 생산되는 식육 내 성분의 조절이 가능하여 인체에 유익한 성분은 가미하고 해로운 성분은 다른 성분으로 대체하는 등 보다 우수한 품질의 식육을 더 빠른 시간 내 생산할 수 있다. 더욱이 배양육은 식물성 대체육이나 식용곤충 등 다른 소재보다 그 맛과 조직감이 우수하여 소비자의 영양 및 관능적 기호를 모두 만족시킬 수 있다는 장점이 있다.

		일반 육류	식물성 대체식품	식용곤충	배양육
정의 및 생산방법		전통적인 가축의 사육을 통한 식육 생산	식물성 단백질 또는 곰팡이를 이용하여 제조	식용이 가능한 모든 곤충	조직의 배양을 이용한 식육 생산
지속 가능성	자원 사용	많음	매우 적음	적음	매우 적음
	온실가스 배출	높음	감소	감소	감소
영양가		변화 없음	높은 단백질 함량	높은 단백질 및 무기질 함량	지방산 조성 및 철분 함량 조절 가능
안전성		검증	검증	검증 진행 중	검증 필요
시장 적용 가능성	대량생산	가능	가능	가능	현재 제한적임 (기술 개발 중)
	가격	상승 중	낮음	보통	매우 높음
동물복지 문제		있음	없음	없음	없음
기존 육류 유사도		-	다소 낮음	낮음	유사함
한계점		미래 식육 수요 충적 불가	맛과 조직감 부족	소비자 혐오감	새로운 것에 대한 두려움

[표 8] 일반 육류와 비교한 대체육의 특징

나. 대체식품 기술[14]

대체식품 개발과 관련하여 식물성 단백질의 추출·분리 및 발효, 식용곤충 단백질과 지방의 추출·분리, 그리고 줄기세포 추출·분리 및 세포배양과 관련된 기술이 이용된다. 식물성 대체식품에 주로 사용되는 식물 기반 단백질은 대두단백질(대두분리단백질과 조직화대두단백), 밀글루텐, 완두단백질, 곰팡이단백질인 퀀(Quorn)5) 등임. 대두단백질, 곰팡이단백질 등 단백질 소화능력을 고려한 아미노산점수가 소고기 등 육류에 비해 낮지 않아 대체식품의 소재로 많이 활용된다.

해외 식물성 대체식품은 실제 육류와 유사한 조직감·맛·풍미 구현을 목적으로 한 소재 발굴 및 가공기술 개발로 다양한 제품을 출시 중이다. 하지만 국내는 한정적인 단백질 소재를 사용하고 있으며, 실제 육류의 조직감·맛·풍미 등 육류 특성 모방 기술 및 다양한 제품이 부족한 실정이다. 한국비건인증원에 따르면 시장에서 공급 가능한 150여 종의 식물체 중 약 2% 수준만 단백질 소재로 사용되고 있다.

하지만, 최근 국내 바이오 기업을 중심으로 대체식품의 원천기술 특허 출원 사례가 증가하고 있다. 최근 생물학적 공정을 통한 헴 복합체 제조기술 및 콩뿌리혹의 육즙 모사 성분 추출기술 등을 미국 특허 출원하거나 대체육류의 주원료인 식물성 단백인 BTVP6) 개발, 식물성 피 개발, 식물성 지방, 천연첨가물 개발 등의 기술 및 특허를 출원한 기업도 있다.

해외 배양육은 2013년 기술개발에 성공하였으나 생산비가 높아 제품 출시가 안 되고 있는 실정이었다. 2013년 기준 배양육을 이용한 햄버거 패티의 생산 비용은 100g당 37만 5천 달러였으며, 2017년에는 1,986달러였다. 하지만 2022년에는 배양육 햄버거 가격이 약 9.8달러까지 떨어졌다. 가격 저하 요인은 생산의 대규모화와 원자재 가격 저하, 배양기술의 발전이다. 배양육이 여전히 식료품점이나 식당에서 살 수 있는 햄버거보다 훨씬 비싸지만 조만간 가격은 더 떨어질 것으로 기대된다. [15]

지난 2021년 10월 12일 전문 조사기관 럭스 리서치가 발간한 '배양육 시장 규모 및 주요 시장의 대략적 규제 상황'에 관한 보고서에 따르면 2016년 배양육 시장은 극소수 신생 기업으로 구성돼 있었다. 그러나 5년 후인 2021년 현재 배양육 시장에는 기술적 과제 해결에 도전하는 기업부터 최종 제품을 출시해 시장 공략에 나선 기업까지 약 80개의 스타트업들이 존재하고 있다. 2016년 배양육이 농식품 시장에 진입한 이래, 총액 8억 달러라는 놀라운 규모의 자금이 이 분야에 투입됐다. 많은 스타트업은 시험 규모 제조에 성공하거나, 상품을 판매할 수 있는 단계까지 성장했다.

올해 4월 20일 이스라엘의 식품 기술 회사인 '알레프 팜스(Aleph Farms)'는 첫 번째 제품 브랜드인 '알레프 컷(Aleph Cuts)'의 출시를 발표했다. 이 회사는 알레프 컷 브랜드로 올해 말 싱가포르와 이스라엘에서 세계 최초의 재배 스테이크인 '프티 스테이크(Petit Steak)'를 판

---

14) 세계 대체육류 개발 동향, 세계 농식품산업 동향, 2018
15) 배양육 값 대폭 하락, 아이티데일리

매할 예정이며, 규제 승인이 진행 중이다.[16]

국내에서는 식물성 스캐폴드를 생산한 기업이 있으며, 벤처기업과 서울대·세종대 연구팀이 돼지 근육줄기세포의 분화능 등에 대하여, 스타트업에서는 닭 근육세포 배양기술에 대하여 연구개발을 추진하고 있다.

또한 올해 5월, 연세대학교 최범규 연구진은 기존 배양육 대비 1/4 가격의 분말 형태 배양육을 만들었다. 단백질 밀도는 기존 고기보다도 높다. 가루 형태여서 조미료로 사용할 수 있으며, 우주식에도 적합하다. [17]

구분		기술 현황	시장 및 업체 현황	투자 현황	지속가능성
식물성 고기	해외	고기와 유사	시장 빠르게 성장 임파서블푸드, 비욘드미트 등 선도기업	투자 활발	채식주의자 증가 추세 건강과 지속가능성으로 관심 증대 글루텐, 콩, 견과류 알레르기 비싼 가격, 고기 용어 규제
	국내	고기와 유사	시장 빠르게 성장 CJ제일제당, 농심, 신세계푸드 등 선도기업	투자 활발	
식물성 계란	해외	미국 선도	미국, 홍콩, 중국, 일본 등 판매	투자 활발	저렴한 가격
	국내	벤처기업	온라인, 채식주의 대상	벤처투자 시작단계	
식용곤충	해외	벨기에, 중국 발달	미국, 유럽, 태국 등 다양한 업체	일부 국가 활발	벨기에 관련법 있음.
	국내	세계 선도	에너지바, 분말형태, 환자식 이용	국가 투자	국내 관련법 제정으로 식용곤충산업 지원 혐오감·안전성 우려
배양육	해외	기술개발 성공 대량생산 준비	네덜란드, 이스라엘, 미국, 일본 기업 발달	투자 활발	비싼 가격 대량생산기술 한계
	국내	기술개발 성공	대학·벤처기업	투자 활발	

[표 9] 대체식품의 국내외 산업 현황 비교

---

16) 실험실서 태어난 '배양육' 서서히 상용화로 접어들어, 뉴스튜브
17) 배양육, 나무위키

구분		기존육류	식물성 고기	식물성 계란	식용곤충	배양육
생산방법		가축 사육·도축 후 식용	식물성 단백질가공	식물성 재료 사용	고효율	줄기세포 배양생산
가격	대량생산 가능성	높지만 한계 존재	높음	높음	높음	기술적 장벽 존재
	생산비	상승 중	저렴	저렴	하락 중	고가
환경	자원 사용량	높음	매우 적음	매우 적음	매우 적음	매우 적음
	온실가스 배출량	높음	감소	감소	감소	잠재적 감소
윤리	동물복지 문제	상존	없음	없음	없음	없음
건강	건강 효과	변화 없음	단백질 증가 콜레스테롤 감소	콜레스테롤 감소	단백질 증가 지방 감소	지방산 조성 개선, 철분 감소
	안전성	변화 없음	식중독 감소	식중독 감소	알레르기 우려	검증된 제품 없음
선호	소비자 기호도	수요 증가	낮은 식미 문제	낮은 식미로 타 식품 재료로 이용	모양 혐오감	두려움과 과학기술 공포증

[표 10] 일반 육류와 대체 축산식품의 특징 비교

다. 대체식품 소비자 인식[18]

소비자 1,000명을 대상으로 설문조사한 결과, 대체식품에 대한 인지도는 5점 만점 기준으로 식물성 고기(3.31점)가 가장 높았고, 곤충식품(2.88점), 배양육(2.45점), 식물성 계란(2.44점) 순서로 나타났으며, 채식을 더 많이 하는 소비자일수록 대체식품에 대한 인지도가 높은 것으로 나타났다.

대체식품 섭취 경험이 있는 소비자는 응답자의 46.9%였으며, 섭취 경험은 식물성 고기(44.5%), 식물성 계란(12.4%), 곤충식품(6.3%) 순으로 나타났다. 취식 경험이 있는 대체식품에 대한 만족도는 곤충식품(3.27점), 식물성 고기(3.21점), 식물성 계란(2.98점) 순으로 나타났다.

대체식품 섭취 경험에 불만족한 응답자를 대상으로 각 제품의 불만족 이유를 조사한 결과, 맛과 식감에 대한 불만족 정도가 높게 나타났다. 곤충식품은 맛과 모양(외관)에 대한 불만족 정도가 높았으며, 식물성 계란은 맛과 식감 외에도 향(냄새)에 대한 불만족 정도가 높게 나타났다.

구분		사례수 (명)	맛	식감	모양 (외관)	색상	향 (냄새)	위생 (안전성)
전체		128	55.5	29.7	3.1	0.8	10.2	0.8
섭취한 경험이 있는 대체 식품	식물성 고기	80	61.3	28.8	1.3	1.3	6.3	1.3
	배양육	3	66.7	33.3	0.0	0.0	0.0	0.0
	곤충식품	10	50.0	10.0	30.0	0.0	10.0	0.0
	식물성계란	35	42.9	37.1	0.0	0.0	20.0	0.0

[표 11] 섭취 경험이 있는 대체식품 불만족 이유 (단위: %)

대체식품에 대한 관심도는 5점 척도로 식물성 고기(3.28점)가 가장 높고, 식물성 계란(3.01점), 배양육(2.78점), 곤충식품(2.41점) 순으로 나타났다. 식물성 고기와 식물성 계란은 관심이 있다는 응답자의 비중이 각각 45.8%, 32.7%인 것으로 나타나 비채식주의자도 관심을 가지는 품목임을 알 수 있었다.

한편, 채식주의자 여부에 따른 대체식품에 대한 관심도는 전반적으로 채식을 더 많이 하는 소비자일수록 높은 것으로 나타났지만, 준채식주의자(3.49점)가 채식주의자(3.39점)보다 식물성 고기에 대한 관심이 더 높은 것으로 나타났다.

---

18) 세계 대체육류 개발 동향, 세계 농식품산업 동향, 2018

　조사 결과 신식품 섭취 시 위생(안전성), 향(냄새), 맛, 식감, 모양, 색상 순으로 만족도에 영향을 주는 것으로 나타났다. 특히 채식주의자, 남자, 저연령층이 상대적으로 새로운 식품에 대해 적극적인 성향을 보였다.

구분		사례수 (명)	성향 (적극성)	민감도					
				맛	식감	모양	색상	향 (냄새)	위생 (안전성)
전체		1,000	2.84	3.60	3.58	3.46	3.34	3.92	4.11
채식 주의자 여부	채식주의자	51	3.10	3.51	3.51	3.29	3.20	3.71	3.82
	준채식주의자	260	2.77	3.56	3.60	3.47	3.34	3.90	4.17
	비채식주의자	689	2.84	3.62	3.57	3.47	3.35	3.94	4.11
성별	남자	497	2.87	3.52	3.51	3.36	3.22	3.76	4.01
	여자	503	2.80	3.68	3.64	3.55	3.45	4.07	4.21
연령대	만19~29세	198	2.91	3.71	3.66	3.56	3.35	3.94	4.04
	만30~39세	204	2.93	3.61	3.55	3.54	3.39	4.04	4.13
	만40~49세	245	2.81	3.58	3.51	3.45	3.31	3.87	4.07
	만50~65세	353	2.75	3.54	3.59	3.36	3.32	3.87	4.16

[표 12]　신식품에 대한 소비자 성향과 요인별 민감도(5점 척도) (단위: 점)

　대체식품 소비 의향 결정 요인 분석 결과, 향후(5년 후) 대체식품 소비 의향에 영향을 미치는 요인은 제품별로 차이가 있지만, 윤리적 소비와 동물복지에 대한 관심도가 주요 요인인 것으로 나타났다.

　대체식품의 소비를 향후 현재보다 증대하려는 이유는 "건강 증진을 위해(34.1%)"가 가장 높고, "자원·에너지 절약과 환경보호를 위해(25.3%)", "생명체 도축의 윤리성 또는 동물복지 문제 때문에(20.4%)" 순서로 나타났다.

　식물성 고기는 건강에 대한 관심도가 높은 소비자의 소비 의향이 높게 나타났고, 곤충식품과 식물성 계란은 식감에 민감하고 자원과 환경에 대한 관심도가 높은 소비자의 소비 의향이 높게 나타났다.

　맛과 모양에 민감한 소비자는 곤충식품에 대한 향후 소비 의향이 감소하는 것으로 나타나 곤충식품은 맛과 모양을 고려한 상품의 개발이 필요한 것으로 판단된다.

구분		사례수 (명)	건강 증진을 위해	비위생적인 사육·도축 환경 때문에	윤리성 또는 동물 복지 문제 때문에	자원·에너지 절약과 환경 보호를 위해	가족 중에 채식주의자가 있어서	기타
전체		495	34.1	14.9	20.4	25.3	1.6	3.6
채식 주의자 여부	채식주의자	26	50.0	7.7	26.9	15.4	0.0	0.0
	준채식주의자	150	38.0	18.7	20.0	15.3	4.0	4.0
	비채식주의자	319	31.0	13.8	20.1	30.7	0.6	3.8

[표 13] 대체(축산)식품 소비를 현재보다 증대하려는 이유 (단위: %)

라. 대체식품 당면과제[19)

1) 원천기술 개발

국내는 해외에서 개발된 원천 소재 및 기술을 단순 배합하는 수준의 식물성 대체육이 대부분이며, 아직까지는 미성숙 상태이다. 그러나 코로나19를 거치면서 롯데푸드, CJ, 풀무원 등 대기업 식품업체들이 적극적으로 대체육 시장에 진출하고 있다. [20)

또한 배양육은 현재 셀미트, 다나그린, 씨위드, 노아 바이오텍 등의 스타트업체가 배양육 기술을 개발하고 있으며, 현재 기술 수준은 초기 단계로 파악된다. 식품의약품안전처는 배양육 제품을 식품원료로 인정하는 등 배양육의 제도적 기반이 점차 확립되고 있다.[21)

대체식품 사업화 과정상 애로사항은 기술 개발·확보(26.5%), 시장정보 획득(20.6%), 대체식품에 대한 소비자 인식 부족(14.7%), 전문인력 부족(11.8%), 관련 규격 및 기준 규제(11.8%) 순으로 나타났다.

구분	기술 개발·확보	시장 통합·전망 정보와 시장성 파악	대체식품에 대한 소비자 인지 부족	전문인력 부족	관련 규격 및 기준 규제	마케팅	자금조달 (금융·투자)	합계
사례수 (명)	9	7	5	4	4	3	2	34
비중	26.5	20.6	14.7	11.8	11.8	8.8	5.9	100.0

[표 14] 대체식품 관련 사업 추진상 애로사항(1+2순위) (단위: %)

2) 전문 연구인력 및 자금 부족

대체식품기업은 선순환 운영구조를 위한 자금 조달 및 연구인력 채용에 어려움을 호소하고 있다. 국내에서도 롯데 액셀러레이터, 농심 퓨처플레이 등 벤처투자회사가 생기면서 식품 스타트업에 대한 투자가 발생하고 있다. 그러나 아직까지 자금 조달이 원활하지 못해 연구인력 채용 및 기술 개발에 어려움을 겪고 있으며, 기술을 개발하더라도 제품 개발 및 판매로 연결될 수 있는 생태계 조성이 미흡하다.

3) 관련 기준 및 규격 미비

알레르기 유발 성분을 함유한 대체식품에 대한 기준·규격 및 라벨 표시, 배양육의 세포배양액 등 신식품의 안전관리를 위한 규격 및 기준, 상표 및 광고문구의 규정이 미비하다.

---

19) 세계 대체육류 개발 동향, 세계 농식품산업 동향, 2018
20) 미래 축산과 대체육 국내외 현황, 축산경제신문
21) 식물기반 단백질 배양육 시장의 현황과 미래 전망, 한국농촌경제연구원

4) 대체식품의 생산 및 수출입 파악을 위한 통계자료 미비

대체식품은 한국표준산업분류(KSIC) 및 HS(관세 및 통계 통합품목분류)에 품목 구분이 없다.

5) 소비자 수용성 논란과 관리감독 관할권 문제

세포배양방식의 육류 생산에서 요구되는 안전 조건 및 지침이 없으며, 관리감독기관이 따로 정해져 있지 않다. 배양육은 동물세포에서 근육 줄기세포를 채취하여 배양한 식품으로 세포배양액의 품질을 높이기 위해 일부에서는 유전자편집기술을 쓰고 있어 GMO 및 안전성 논란이 있다.

배양육의 경우 비동물성 소재인 녹조류, 버섯 추출물, 식물유래 단백질로 세포 배양액을 만드는 연구가 진행 중이나, 대부분 세포 배양과정에 소 태아혈청을 이용하고 있다.

6) 시장정보 및 소비자 인지 부족

식품제조업체와 소비자 모두 대체식품 시장에 대한 정보가 부족하고, 소비자 입장에서는 대체식품이 가지는 영양 정보와 자원절약 및 환경저감 효과 등을 인지하지 못해 시장 형성에 어려움이 있다.

7) 용어 논란

대체식품의 국내 시장규모가 아직 협소하기 때문에 식물성제품에 기존 동물성 제품의 용어를 사용하는 것에 대한 사회적 논란이 없지만, 시장규모가 확대되면 이해관계자인 기존 축산업계와의 갈등이 예상된다.

04

대체식품 시장 동향

4. 대체식품 시장 동향[22)

가. 세계 동향

세계 대체식품 시장 규모는 2018년 기준 96억 2,310만 달러이며[23)], 2019년부터 연평균 9.5%씩 성장하여 2025년에는 178억 5,860만 달러에 이를 것으로 전망된다. 대체식품의 핵심 기술은 식물이나 곤충에서 단백질을 추출(분리)·발효·가공하는 기술이며, 식재료와 혁신기술 발전이 융합하여 대체식품 시장규모가 확대될 것으로 전망된다.

구분	2017년	2018년	2019년	2025년	CAGR(%)
세계 대체식품 시장규모	8,989.0	9,623.1	10,345.7	17,858.6	9.5

[표 15] 세계 대체식품 시장규모(2017~2025) (단위: 백만 달러)

세계 대체식품 제품유형별 시장규모는 식물단백질 기반 제품(식물성 고기, 식물성 계란, 식물성 우유 및 음료 등), 곤충단백질 기반 제품, 해조류단백질 기반 제품 순으로 크며, 특히 식물단백질 기반 대체식품 시장은 전체 시장규모의 87.2%로 압도적인 비중을 차지했다.

2019년에서 2025년까지 제품 유형별 시장규모의 연평균 성장률은 곤충단백질 기반 제품(22.7%), 배양육(19.5%), 해조류단백질 기반 제품(8.3%), 식물단백질 기반 제품(8.1%), 미생물단백질 기반 제품(5.0%) 순서로 높게 나타났다.

구분	2017년	2018년	2019년	2025년	CAGR(%)
식물 단백질	7,890.8	8,395.8	8,962.5	14,319.8	8.1
곤충 단백질	514.8	607.5	722.9	2,470.1	22.7
해조류 단백질	485.1	517.6	553.8	894.0	8.3
미생물 단백질	98.2	102.2	106.5	143.1	5.0
배양육	0.0	0.0	0.0	31.6	19.5

[표 16] 세계 대체식품 시장규모(2017~2025) (단위: 백만 달러)

세계 대체식품 시장에서 지역별 점유 비중은 북미(44.6%), 유럽(28.8%), 아시아·태평양(18.1%), 기타(8.5%) 순으로 선진국이 대부분을 차지했다. 현재까지 북미, 유럽 등 선진국에서 투자, 기술개발, 소비가 모두 활성화되고 있는 추세이다. 그러나 대체식품 시장의 향후 성장률은 아시아·태평양(12.2%), 기타(11.0%), 유럽(8.7%), 북미(8.6%) 등의 순으로 특히 아시아·태평양 지역에서 높을 것으로 전망된다.

---

22) 세계 대체육류 개발 동향, 세계 농식품산업 동향, 2018
23) 대체식품 현황과 대응과제, KREI 농정포커스

나. 국내 동향

국내 푸드테크 시장규모는 '17년~'20년 연평균 31.4% 성장하며 약 61조원('20년기준) 수준
이다. CJ제일제당, 신세계푸드 등 식품 대기업들이 신성장 동력 사업으로 푸드테크, 대체식품
을 선정하고 국내외 스타트업과 파트너십을 체결하고 투자 확대 중이다.

식물성 단백질은 만두, 떡갈비, HMR 제품 개발 관련 사업을 추진하고 있으며, 배양육 기술
개발은 대학교 및 국가연구기관 이외에도 수입곡물업체 및 스타트업에서 추진 계획을 가지고
있다. 곤충식품 중에서는 곤충분말을 이용한 고령친화식품, 암환자식, 쿠키 등 간식, 펫푸드
등을 개발 중인 것으로 나타났다.

국내 식물단백질 기반 제품의 유형별 시장규모는 미트볼이 32%로 가장 많고, 버거패티
(21.5%), 너겟류(17.8%), 소시지(12.0%) 등의 순서로 조사되었다.

구분	2016	2017	2018	2019	2026	CAGR(%)
버거패티	9.7	11.8	13.8	27.3	42.7	15.4
미트볼	14.4	17.6	21.3	42.6	65.6	15.7
낫토	4.3	5.1	6.1	12.1	18.2	15.1
소시지	5.5	6.6	7.9	15.7	23.8	15.3
너겟류	7.9	9.8	11.7	23.9	39.0	16.6
전체	47.6	58.0	70.1	140.5	216.0	15.7

[표 17] 국내 대체식품(식물단백질 기반 제품) 유형별 시장규모 (단위: 백만 달러)

국내 식물단백질 기반 제품의 유통 채널별 시장규모를 살펴보면, 소비자에게 전달되는 B2C
가 49.3%이고, B2B가 33.7%다. B2C 유통채널은 온라인 소매가 가장 크고, 직수입이 다음으
로 높다. 국내는 채식주의 인구 비중이 낮고 식물단백질 기반 제품이 다양하지 못해 세계 생
산 기반을 가지고 있는 제품을 직수입하여 소비하고 있다.

구분	2016	2017	2018	2019	2026	CAGR(%)
B2B	15.6	19.0	22.9	46.1	70.8	15.8
B2C	23	27.8	33.2	65.7	100.9	15.4
편의점	3.1	3.7	4.4	8.7	13.6	15.5
식료품점	3.0	3.6	4.4	8.7	13.3	15.7
직수입	4.6	5.6	6.7	13.2	20.0	15.3
대형마트	3.7	4.5	5.2	10.4	16.3	15.4
온라인소매	6.4	7.8	9.3	18.3	28.0	15.3
전통가게	2.2	2.6	3.2	6.4	9.7	15.7
전체	47.6	58.0	70.1	140.5	216.0	15.7

[표 18] 국내 대체식품(식물단백질 기반 제품) 유통 채널별 시장규모 (단위: 백만 달러)

2017년 기준 국내 식물단백질 기반 제품의 최종 소비자별 시장규모를 살펴보면, 호텔·식당·카페 등 외식업 비중이 54.2%로 가장 높고, 식품제조업(30.5%), 가계(10.3%) 순서로 조사되었다.

다. 산업별 동향[24)

1) 식물성 대체식품

한국농수산식품유통공사(aT)에 따르면 2020년 기준 국내 식물성 대체육 시장 규모는 1740만 달러(한화 약 216억 원)로 2016년 1410만 달러(한화 약 185억 원) 대비 23.7% 증가했다. aT 는 오는 2025년에는 2260만 달러(한화 약 296억 원) 규모까지 성장할 것으로 전망했다. [25)

식물성 고기 시장은 채식주의자를 위한 제품으로 시작하였으나, 푸드테크 기술의 발전과 함께 식물성 고기가 지속 가능한 미래 먹거리로 떠오르면서 스타트업을 비롯하여 기존 대형 식품회 사들이 앞다퉈 식물성 고기에 투자하고 있다.

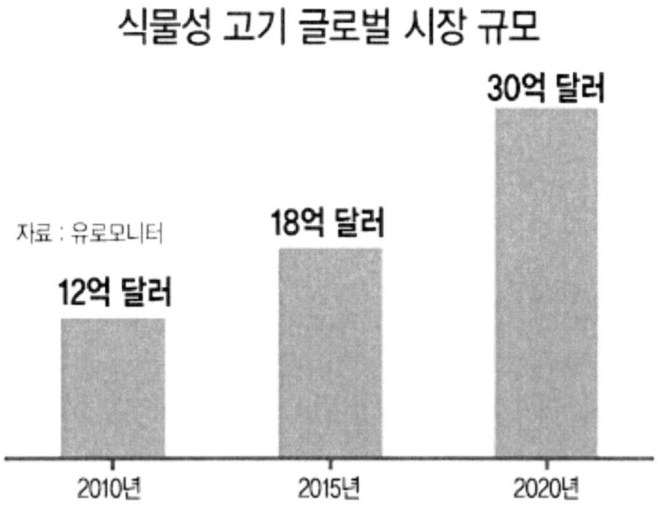

[그림 13] 식물성 고기 세계시장 규모

회사에 따라 식물, 미생물(곰팡이), 해조류 등 다양한 성분과 고유의 배합 비율을 통해 식물성 고기를 생산하고 있다.

회사명	제품 구성 및 특징
Beyond Meat	• 완두단백, 쌀단백, 녹두단백 등 다양한 식물성 단백질을 혼합함 • 코코넛 오일을 통해 지방을 구현함 • 육류의 선홍빛 색상을 내기 위해 비트 추출물을 사용함
Impossible Food	• 대두단백, 감자단백질을 혼합하여 생산함 • 코코넛 오일, 해바라기 오일을 통해 지방을 구현함 • 콩식물 뿌리에 있는 레게모글로빈(leghemoglobin)을 사용하는 것 이 가장 큰 특징으로 해당 성분이 선홍빛과 육류 특유의 맛을 구현 함

[표 19] 해외 식물성 고기 주요 회사 및 제품 현황

---

24) 대체육(代替肉), 기술동향브리프, 2021
25) 214조 원 '식물성 식품 시장' 놓고 선점 경쟁, 식품외식경제

회사명	제품 구성 및 특징
Good Catch	• 6개 콩과 식물 단백질을 혼합하여 참치 맛·식감을 구현함 • 조류 오일을 통해 해산물 풍미 구현 및 오메가-3를 공급함
Odontella	• 미세조류·해조류 추출 성분을 활용하여 식물성 연어를 개발함 • gluten-free 특징을 지님
Marlow Foods	• Fusarium venenatum 곰팡이 에서 추출한 mycoprotein(Quorn)을 주성분으로 생산함 • 단단하게 고정을 하기 위해 계란단백질이나 감자단백질을 이용함

[표 20] 해외 식물성 고기 주요 회사 및 제품 현황

세계 주요 대형 식품회사인 PepsiCo, Tyson Foods, Nestle, JBS USA, Kraft Heinz는 식물성 고기를 핵심 품목으로 설정하여 관련 제품을 연구 및 출시하고 있다.

회사명	제품 구성 및 특징
PepsiCO	• 식물 기반 식음료를 네 가지 핵심 분야 중 하나로 선정함
Tyson Foods	• 식물-동물 혼합 제품과 고기 없는 너겟의 자체 라인인 Rauged & Rooted 출시함 • New Wave Foods의 식물 기반 새우, MycoTechnology의 균사체 기반 성분 등 대체 단백질 스타트업에 투자함
Nestle	• 식물 기반 식품 브랜드 Sweet Earth를 확대함 • 맥도날드 유럽매장에 식물 기반 패티 공급을 확대함 • 2019년 청정 라벨 어썸 버거를 출시함 • 2019년 식물 기반 제품이 두 자릿수로 성장하면서, "필수" 품목으로 간주함
JBS USA	• JBS는 세계 최대 육류 생산회사이지만 지속가능성 및 혁신 전략의 일환으로 식물성 고기 산업에 진출함 • 2019년 브라질에 식물성 고기 버거를 선보였으며, 미국 내 벤처기업에 투자함
Kraft Heinz	• 2000년에 식물성 육류의 초기 개척자인 BOCA[26]를 인수함

[표 21] 해외 식물성 고기 주요 회사 및 제품 현황

식물성 고기의 재료가 되는 TVP 산업도 성장하고 있으며, TVP 개발 및 시장 점유율 확대를 위한 경쟁이 치열한 상황이다. 주요 업체로 Crown Soya Protein Group, Puris Proteins, Roquette Frères, MGP Ingredients, Cargill Inc. 등이 존재하며 Plantible Foods(좀개구리밥), InnovoPro(병아리콩) 등 신생업체들이 등장했다.

---

26) 2019년 미국 내 식물성 고기 판매 2등 업체(소매점 기준, 1등 Beyond Meat)

국내 식물성 고기 시장은 채식주의자를 위한 중소기업 제품 위주로 이루어졌으나, Beyond Meat의 등장으로 소비자의 관심이 확대됨에 따라 대형식품 회사들이 진출했다.

■ 국내 주요 식품 대기업 식물성 식품 관련 사업 현황

기업	브랜드	내용
CJ제일제당	플랜 테이블	해외 시장 공략·식물성 소재 TVP 개발.
농심	베지가든	독자적인 HMMA 공법으로 대체육 제조, 비건 냉동식품, 소스, 양념, 식물성 치즈 출시. 비건 레스토랑 '포리스트키친' 운영.
풀무원	식물성 지구식단 플랜튜드	식물성 단백질 전담부설 신설. '식물성 지구식단' 론칭으로 식물성 HMR 제품 출시. 비건 레스토랑 '플랜튜드' 운영.
신세계푸드	베러미트	돼지고기 대체육 브랜드 '베러미트' 론칭. 식물성 정육점 딜리 '더 베러' 오픈. 최근 식물성 런천 캔 햄 출시. 미국에 자회사 '베러푸즈' 설립.
현대그린푸드	베지라이프	비건 식단형 식품 브랜드 '베지라이프' 론칭.
롯데제과	제로미트	2019년 국내 최초 대체육 브랜드 '제로미트' 출시.
SPC그룹	저스트	푸드테크 기업 잇 저스트(Eat Just)와 파트너십 체결. 4월 식물성 대체 달걀 '저스트 에그' 출시 후 SPC그룹 계열사에 공급 확대.
대상	청정원 미트제로	단체급식, 식자재 공급처 대상 대체육 냉동만두 2종 출시. 푸드테크 기업 '엑셀세라퓨틱스'와 파트너십 체결.
동원 F&B	비욘드미트	미국 대체육 기업 '비욘드미트'와 국내시장 독점 공급계약 체결.
오뚜기	헬로베지	영국 비건 소사이어티로부터 인증받은 비건 제품 출시.

[표 21] 국내 식물성 고기 대표 기업 사업 현황[27]

하지만, 식물성 대체단백질 식품의 소재가 되는 조직 단백(Texturized Vegetable Protein, TVP)은 해외에 대부분 의존하며, 후가공을 통한 상품화에 대체육 개발에 초점을 두고 있다. 이외에도 익스트루더 등 분리대두단백 등 소재의 조직화를 위한 설비 또한 높은 해외 의존도를 보이고 있다. 대체육 개발에 활용되는 작물인 대두, 밀 등의 국내 자급률 또한 각각 6.6%, 0.5% 수준으로 매우 낮아 소재화에도 어려움을 겪고 있다.[28] 현재 호경테크가 국내 유일의 섬유상 조직 콩단백을 생산하여 공급하고 있다.

---

27) 214조 원 '식물성 식품 시장' 놓고 선점 경쟁, 식품외식경제
28) "대체단백질=식품업계 반도체"…핵심 소재로 산업화를, 식품음료신문(

2) 곤충 대체식품

 세계 식용곤충 시장 규모는 2019년 기준 144백만 달러이며, 연평균 45.0% 성장하여 2025년 1,336백만 달러에 이를 것으로 예상된다.

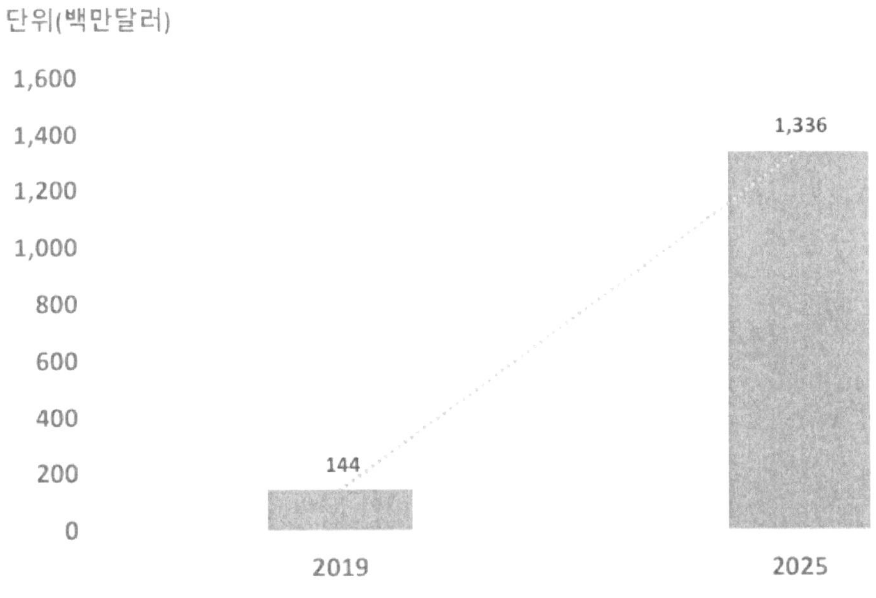

[그림 15] 식용곤충 세계시장 규모

 현재 미국, 유럽을 중심으로 곤충 대량사육 회사, 분말 위주의 식용곤충 회사가 주를 이루고 있으며, 분말 위주의 식용곤충 회사는 동물사료(물고기 포함), 식물비료 생산에 중점을 두고 대량의 곤충 사육시스템을 도입했다. 프랑스의 Entomo Farm은 세계 최초로 대량 곤충사육 시스템을 도입했으며, 프랑스의 Ynsect는 세계 최대 규모의 수직농장 건설을 추진하고 있다.

기업명	국가	특징
Chapul	미국	• 귀뚜라미 식품 전문회사로 2015년 미국 에너지바 시장 선두를 차지
Exo	미국	• 귀뚜라미 단백질 바를 제조하며, 전 세계 클라우드 펀딩 사례로 유명
Ynsect	프랑스	• 29개의 특허를 가지고 독점기술을 구현할 수 있는 세계최대 수직농장을 건설 • 세계 최초 유기곤충기반 비료 시판승인을 획득했으며 2021년 식용곤충의 식품화에 대한 EU허가를 목표로 함 • 양식업, 애완동물용 곤충사료 제조 판매

[표 22] 식용곤충 주요 회사 및 특징

기업명	국가	특징
Protix	네덜란드	• 지속가능한 육류, 생선 및 계란을 위한 곤충을 생산하는 스타트업 회사 • 식품잔류물을 원료로 사용하면서 곤충 기반 성분을 효율적으로 생산하는 완전 자동화된 생산공정을 개발하여 2020년 네덜란드 혁신상을 수상

[표 23] 식용곤충 주요 회사 및 특징

또한 최근들어 소비자의 혐오감으로부터 벗어나기 위해 분말 외의 신규소재의 제품을 개발하는 기업들이 등장하기 시작했다. 이러한 기업들은 햄버거 패티, 파스타, 초콜릿, 맥주, 두부 등 신규소재의 제품을 개발 및 출시했다.

기업명	국가	신규소재 제품
Entomo Farm	프랑스	햄버거 패티
Goffard Sisters	벨기에	파스타
Beesect	벨기에	맥주
Entis	핀란드	초콜릿
Protifarm	네덜란드	두부

[표 24] 신규소재 제품 개발 업체 동향

국내는 식품 의약품 안전처에서 지정한 10종 곤충을 중심으로 개발이 진행되고 있으며, 소비자들의 인식전환을 위한 다각도의 노력을 기울이고 있다. 대표기업으로 케일(KEIL), 퓨처푸드랩 등이 있으며 소비자 인식 전환을 위해 최근에는 가공된 형태인 젤리, 바, 쿠키 및 시리얼 제품 등 곤충의 형태를 제거한 제품을 개발했다.

회사명	제품 구성 및 특징
케일(KEIL)	• 아시아 최초 식용곤충 대량 사육 자동화 스마트팜 구축에 성공 • 2020년 10월 프랑스 Ynsect 사와 MOU체결 • 국내 최초 밀웜 유래 단백질 상용화에 성공
퓨처푸드랩	• 이더블버그로 시작해 식용곤충을 이용한 스낵, 프로틴바, 시리얼, 건조유충 등을 개발·판매 • 곤충을 이용해 식사 대용, 간식거리의 제품 위주로 개발

[표 25] 식용곤충 주요 회사 및 제품 현황

3) 배양육

  세계 배양육 시장은 2025년 214백만 달러에서 2032년 593백만 달러에 이르기까지 연평균
15.7% 증가할 것으로 예상된다. 특히 배양육은 출시가 이루어지는 2021년부터 매출이 발생하
여 시장이 형성되는 2025년부터 본격적으로 시장 규모가 확대될 것으로 예상된다.

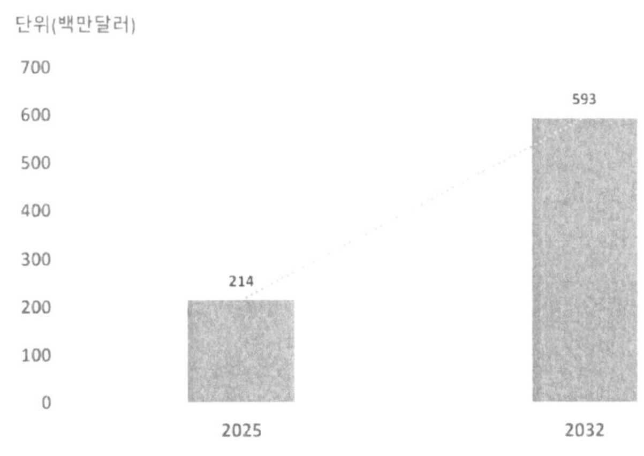

[그림 16] 배양육 세계시장 규모

  배양육 시장을 선점하기 위해 매년 더 많은 배양육 회사가 새로 생기고 있으며, 벤처캐피털
(VC)도 배양육 산업에 대한 투자를 확대하고 있다. 2019년 기준 총 54개의 회사가 설립되어
있으며, 미국에 31.5%(17개), 영국·이스라엘·독일에 각 9.3%(5개), 네덜란드·중국·캐나다에
각 5.6%(3개) 분포되어 있다. 이중 19개(18.5%)가 2019년에 새로 설립되었다. 또한 배양육
생산 이외에 배지, 지지틀, 생물반응기 연구와 개발을 전문적으로 하는 회사도 존재한다.

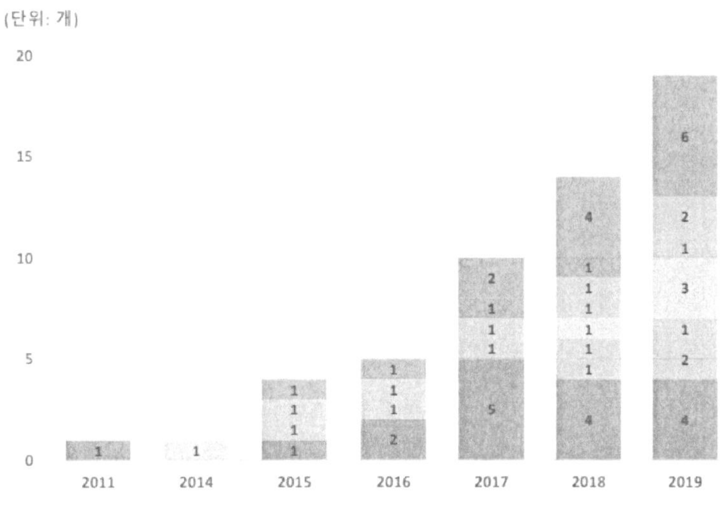

[그림 17] 해외 배양육 회사 설립 추이 및 국가별 분포

벤처캐피탈의 투자는 2016년부터 2019년까지 166만 달러(58건)가 이루어졌으며, 2019년에만 77.1만달러(21건)의 투자가 이루어졌다. 2019년의 투자 금액은 전체 금액의 47%를 차지하며, 2018년보다 63% 증가했다.

국가	기업명	설립년도	R&D 중점 분야	투자 유치 금액
미국	JUST	2011년	배양육 생산(닭)	372.53백만달러
	Memphis Meats	2015년	배양육 생산(소, 닭, 오리)	22백만달러
	BlueNalu	2017년	배양육 생산(생선)	24.5백만달러
이스라엘	SuperMeat	2015년	배양육 생산(닭)	4.22백만달러
	Aleph Farms	2016년	배양육 생산(소)	14.4백만달러
네덜란드	Mosa Meat	2015년	배양육 생산(소)	9.09백만달러
일본	Integriculture	2015년	배양육 생산(닭, 푸아그라), 배지, 배양 시스템	2.73백만달러
싱가포르	Shiok Meats	2018년	배양육 생산(갑각류)	5.11백만달러

[표 26] 해외 배양육 주요 회사 및 투자 유치 현황

국내 배양육 산업은 아직 걸음마 단계로 배양육 관련 연구·개발을 진행 중인 회사가 극히 적고 초기 단계 투자를 유치하고 있다.

회사명	제품 구성 및 특징
셀미트	• 2021년 새우 시제품을 선보였으며, 갑각류를 시작으로 소와 돼지고기의 목살, 삼겹살 등의 개발 계획 • 저렴한 세포 배양액을 자체 개발 중, 소를 죽여 얻는 소태아 혈청 없이 배양액을 만드는 기술 보유[29]
다나그린	• 2017년 중소벤처기업부 민간투자주도형 기술창업지원 프로그램(TIPS) 선정 • 2020년 산업부 산업기술 알키미스트 프로젝트 신규과제[30] 선정 • 3차원 세포배양 지지체 Protinet™1 개발
씨위드	• 2020년 중소벤처기업부 민간투자주도형 기술창업지원 프로그램(TIPS) 선정 • 해조류를 이용하여 자체 배양액과 3차원 지지체 생산 • 배양육 'C MEAT' 생산 원천기술 개발 및 상용화 진행
노아바이오텍	• 3D 프린터 기술을 활용한 배양육 생산 기술을 중점적으로 연구

[표 27] 국내 배양육 대표 기업 및 특징

---

29) 한국 배양육 개발 스타트업 7, 현직자의 푸드테크 시장 분석
30) 도전적이고 혁신적인 기술 개발을 지원하는 사업(1단계(최대 2억원 이내/년), 2단계(5억원 이내/년),

라. R&D 투자동향[31)]

 2020년 기준 대체육에 대한 정부 R&D 투자 규모는 4,570백만원으로 2016년부터 2019년까지 투자 규모가 꾸준히 증가했다가 2020년에 들어 소폭 감소했다. 대체육에 대한 정부 R&D 투자는 최근 5년(2016~2020) 기준으로 2016년 식용곤충을 시작으로 식물성 고기(2017년), 배양육(2018년)에 대해 순차적으로 이루어졌다.

 2016년부터 2019년까지 대체육 관련 투자규모 및 과제 수가 꾸준히 증가했으나, 2020년 들어 투자 규모는 6%, 과제 수는 26% 감소했다. 분야별 투자 규모는 연평균 배양육 75.9%(2018~2020), 식물성 고기 23.7%(2017~2020), 식용곤충(2016~2020) 12.4%의 성장을 보였다.

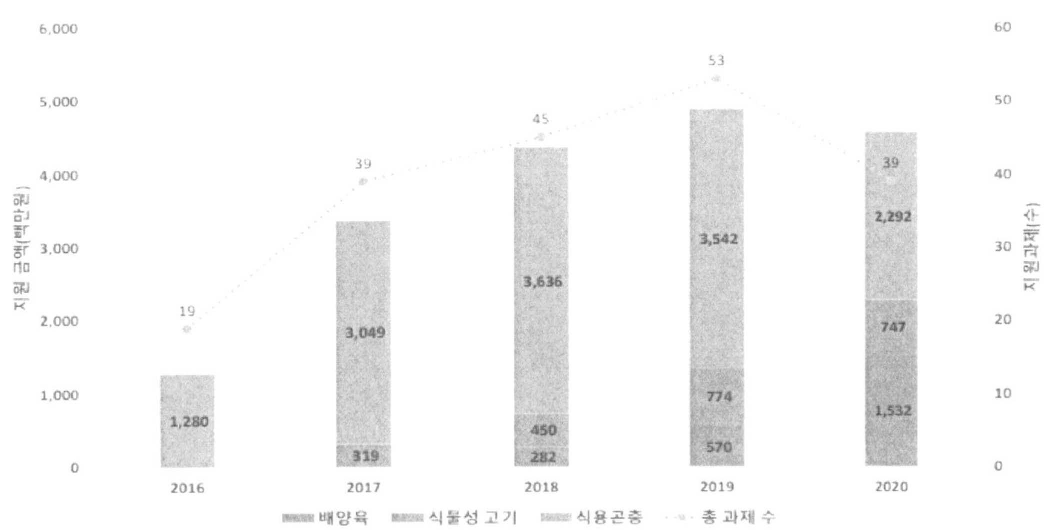

[그림 18] 대체육 국내 정부 R&D 투자 규모

분야	정부연구비(백만원)				
	2016	2017	2018	2019	2020
배양육	-	-	282	570	1,532
식물성 고기	-	319	450	774	747
식용곤충	1,280	3,049	3,636	3,542	2,292
과제 수(개)	19	39	45	53	39

[표 28] 대체육 국내 정부 R&D 투자 규모

 3단계(50억원 이내/년) 지원
31) 대체육(代替肉), 기술동향브리프, 2021

연구수행주체별 투자규모(2016~2020)를 살펴보면, 대학과 중소기업 위주의 R&D가 수행되고 있으며, 대기업과 출연(연)의 참여는 거의 전무한 상황이다. 배양육과 식물성 고기는 대학의 수행 비중이 66%로 가장 높았으며, 식용곤충은 중소기업이 43%로 가장 많은 비중을 차지했다. 식용곤충 분야에서는 국공립연구소의 수행 비중이 전체의 23%를 차지했다.

분야	수행 주체	2016	2017	2018	2019	2020	합계	
							예산	비중
배양육	대학	-	-	187	347	1,032	1,565	66
	중소기업	-	-	95	223	500	818	34
	소계	-	-	282	570	1,532	2,383	100
식물성 고기	대학	-	208	360	478	538	1,584	66
	중견기업	-	52	90	90	120	352	15
	중소기업	-	59	120	206	89	474	20
	소계	-	319	570	774	747	2,410	100
식용곤충	국공립연구소	382	811	788	594	562	3,136	23
	대학	313	958	1,032	880	355	3,538	26
	대기업	23	78	50	-	-	150	1
	중견기업	20	110	120	100	-	350	3
	중소기업	542	963	1,426	1,768	1,175	5,874	43
	기타	-	130	220	200	200	750	5
	소계	1,280	3,049	3,636	3,542	2,292	13,798	100

[표 29] 대체육 연구수행주체별 정부 R&D 투자 규모 (단위: 백만원, %)

연구개발단계별 R&D 투자규모(2016~2020)를 살펴보면, 세 분야 모두 개발연구가 가장 높은 비중을 차지한다. 배양육에서는 개발연구(49%) 다음으로 기초연구의 비중이 44%로 높게 나타났으며, 식물성 고기는 개발연구(74%) 다음으로 응용연구의 비중이 22%로 높게 나타났다. 마지막으로 식용곤충의 경우 개발연구(57%) 다음으로 응용연구의 비중이 31%로 높게 나타났다.

분야	연구단계	2016	2017	2018	2019	2020	합계	
							예산	비중
배양육	기초연구	-	-	-	8	972	1,052	44
	응용연구	-	-	67	67	-	133	6
	개발연구	-	-	215	383	560	1,158	49
	기타	-	-	-	40	-	40	2
	소계	-	-	282	570	1,532	2,383	100
식물성 고기	기초연구	-	-	-	-	100	100	4
	응용연구	-	78	130	221	70	499	22
	개발연구	-	241	320	553	577	1,691	74
	소계	-	319	450	774	747	2,290	100
식용곤충	기초연구	67	75	340	209	385	1,076	8
	응용연구	250	1,304	1,306	1,339	89	4,287	31
	개발연구	836	1,523	1,864	1,915	1,781	7,919	57
	기타	127	147	127	79	37	515	4
	소계	1,280	3,049	3,636	3,542	2,292	13,798	100

[표 30] 대체육 연구개발단계별 정부 R&D 투자 규모 (단위: 백만원, %)

사업별로는 식용곤충 관련 과제를 수행한 국가R&D 사업이 가장 많은 것으로 분석된다. 배양육 관련 투자규모 상위 3개 사업은 이공학학술연구기반구축, 고부가가치식품기술개발, 창업성장기술개발사업이며, 교육부(35%, 8억원)의 투자 비중이 가장 높았다.

부처	사업	2018	2019	2020	합계	
					예산	비중
교육부	이공학학술연구기반구축	-	67	762	829	35
농식품부	고부가가치식품기술개발	215	260	260	735	31
중기부	창업성장기술개발	-	40	300	340	14
해수부	해양바이오전략소재개발 및 상용화지원	-	123	100	223	9
과기정통부	개인기초연구	-	80	110	190	8
농식품부	농림축산식품연구센터지원	67	-	-	67	3
합계		282	570	1,532	2,383	100

[표 31] 배양육 사업별 정부 R&D 투자 규모 (단위: 백만원, %)

식물성 고기 관련해서는 과반의 비중을 차지하는 고부가가치식품기술개발 사업과 더불어 상위 3개의 사업을 모두 농식품부(94%, 21억원)에서 지원했다.

부처	사업	2017	2018	2019	2020	합계	
						예산	비중
농식품부	고부가가치식품기술개발	450	260	390	380	1,480	65
농식품부	미래혁신형식품기술개발	-	-	384	-	384	17
농식품부	맞춤형혁신식품 및 천연안심소재기술개발	-	-	-	267	267	12
과기정통부	개인기초연구	-	-	-	100	100	4
농진청	농업실용화기술R&D지원	-	59	-	-	59	3
합계		450	319	774	747	2,290	100

[표 32] 식물성 고기 사업별 정부 R&D 투자 규모 (단위: 백만원, %)

식용곤충 관련 과제를 수행한 국가R&D 사업 중 농생명산업기술개발사업이 가장 높은 비중을 차지하며, 농식품부(57%, 78억원)와 농진청(20%, 27억원) 사업을 통해 중점적으로 지원되었다.

부처	사업	2016	2017	2018	2019	2020	합계	
							예산	비중
농식품부	농생명 산업기술개발	443	815	788	488	618	3,150	23
농식품부	수출전략기술	-	132	450	450	428	1,460	11
중기부	지역특화산업육성	-	382	-	723	-	1,105	8
농진청	농업과학기반 기술연구	67	275	420	240	304	1,306	10
농진청	농업첨단핵심 기술개발사업	-	265	265	375	-	905	7
농식품부	기술화사업지원	-	200	300	300	-	800	6
농식품부	고부가가치식품 기술개발	290	320	110	35	-	755	6
농식품부	지역특화산업육성	-	-	663	-	-	663	5
농식품부	첨단생산기술개발	280	238	-	94	-	612	5
농식품부	농축산물안전 유통소비기술개발	-	-	-	200	400	600	4
해양수산부	수산실용화 기술개발	200	289	-	-	-	489	4
기타		-	133	402	638	543	1,716	13
합계		1,280	3,049	3,398	3,542	2,292	13,560	100

[표 33] 식용곤충 사업별 정부 R&D 투자 규모 (단위: 백만원, %)

05

대체식품 기술 동향

5. 대체식품 기술 동향
가. 식물성 대체식품[32][33][34]

식물성 대체식품을 섭취하는 주요 목적은 동물성 식품인 육류의 대체에 있으나 그 맛과 조직감이 기존의 육류에 비해 여전히 부족하다. 개발 초창기의 식물성 대체식품이 실패한 이유는 육류의 조직감과 차이가 큰 것이 주요 원인이었으며, 이에 따라 식물성 대체식품의 조직화와 관련한 연구는 지금까지도 계속 진행되고 있다.

식육 섭취 시 느껴지는 조직감은 주로 식육 내 치밀하게 구조화된 근섬유와 결합조직에서 유래하는데 식물성 대체식품 내 단백질은 대부분이 무결정성 조직을 가지고 있으므로 제조 시 조직화 공정이 반드시 필요하다. 지금까지 식물성 대체식품의 조직화를 위한 방법으로 방사법 (spinning process), 압출 성형공정(thermoplastic), 증기법(steam texturization) 등이 연구 되어 왔다. 이 중 가장 대표적인 것은 압출성형공정이다.

식물성 대체식품은 콩과 밀에서 단백질과 글루텐 등을 추출해 제조한다. 추출한 식물성 단백질을 물과 혼합 후 압출기 내에서 가열하며 높은 압력으로 압출하면 압력, 열 및 기계적 전단력 등의 복합적인 작용에 의해서 가소성과 신축성을 갖게 되고 단백질의 분자들은 방향성을 가지면서 응고되어 식육과 비슷한 조직감을 만들 수 있다.

이렇게 제조된 식물성 단백질을 식물조직단백(textured vegetable protein)이라 하며, 제조 공정이 경제적이고 다양한 모양과 크기로 제조할 수 있어 다양한 제품의 제조에 활용되고 있다. 다만 압출성형공정 시 식물성 단백질 조직화를 위해 원료는 반드시 50% 이상의 단백질과 6~7% 수준의 지방을 함유해야 하고, 섬유소나 지방, 탄수화물은 적어야 한다.

[그림 20] 압출성형공정으로 제조한 식물성 단백질

---

32) 세계 대체육류 개발 동향, 세계 농식품산업 동향, 2018
33) 식육 및 육가공 산업에서의 육류 대체 식품 및 소재의 활용, 축산식품과학과 산업, 2018
34) 대체육(代替肉), 기술동향브리프, 2021

또한 전분 부산물로부터 F.graminearum을 이용하여 생산하는 단백질은 식육 내 근섬유와 비슷한 구조와 직경을 가지고 있어서 그 조직감이 거의 동일한 것으로 알려지고 있다. 식육의 풍미는 주로 식육 내 유리아미노산, 유리지방산, 핵산관련물질, 환원당 등 풍미관련물질에서 유래되며 식육 내 비타민 B1 및 마이오글로빈 또한 식육의 풍미에 영향을 미친다.

미국의 Beyondmeat을 비롯한 세계 식물성 고기 업체들은 고수분 압출성형공정 관련 특허를 보유하고 있으며, 국내의 경우 호경테크에서 전단응력을 응용하여 일정 방향으로 정렬된 섬유상이 형성되도록 가공하는 기술을 보유하고 있다. 네덜란드의 Wageningen 대학에서는 전단세포 기술(Shear cell technology)을 통해 육류의 중요한 특성 중 하나인 명확한 계층 구조를 포함하는 섬유질 구조를 형성하는 새로운 공정법을 개발했다.

식물성 단백질은 대표적으로 밀, 대두, 완두로부터 추출하고 있으며, 새로운 원료를 찾기 위한 연구가 진행되고 있다. 일환으로 렌틸콩, 병아리콩 등 콩류로서부터 해조류, 미생물 등 다양한 원료 이용을 시도하고 있다.

기업명	국가	원료
Beyondmeat	미국	완두, 녹두, 파바콩, 현미
Good Catch	미국	대두, 완두, 렌틸콩, 병아리콩, 파바콩, 감색콩
Marlow foods	영국	영국, 곰팡이에서 추출한 마이코프로테인
Odontella	프랑스	미역 등 갈조류, 완두

[표 34] 세계 주요 식물성 대체식품 기업의 원료

식물성 단백질 원료	장점	단점
밀	식감이 실제 고기와 제일 유사	일부 소비자들이 글루텐 성분을 기피
대두	역사가 오래되어 가장 일반화된 원료	GMO가 많아 소비자들이 기피
완두	GMO, 글루텐으로부터 자유로움	식감이 떨어짐
버섯(균류)	단백질 함량이 매우 높고 저지방	생산 과정 및 조건이 까다롭고 오래 걸림
조류	영양성분이 매우 우수	냄새와 맛이 좋지 않음

[표 35] 식물성 단백질 대표 원료 및 특징

최근의 개발된 모조육은 마이코프로테인(mycoprotein) 기반의 퀀(Quorn)과 조직화 대두단백(textured soybean protein)을 사용하여 생산되고 있다. 마이코프로테인은 진균류(Fusarium venenatum)에서 생산되는 단백질의 일종으로 약 40여년 전에 발견되어 1985년부터 식품에 이용되고 있다.

육류 단백질과는 달리 마이코프로테인은 콜레스테롤이 없고 지방함량이 적은 것이 특징으로 건물량(dry weight) 기준으로 25% 수준의 식이섬유를 함유하고 있다. 마이코프로테인의 제조는 발효조에 포도당과 물을 넣고 진균류(Fusarium venenatum)를 접종하여 배양하기 시작하면서 칼슘, 마그네슘, 인산염 등의 미네랄을 첨가한다. 호흡과 단백질 생산에 필요한 산소와 질소를 공급하기 위해서 공기와 암모니아도 주입해 주면, 단백질 고형물이 형성되는데 평균 5~6시간 후부터 연속적인 배출이 이루어진다. 이 고형물들의 핵산을 분해하고 원심분리하여 건조하면 반죽상의 단백질을 제조하게 된다.

마이코프로테인을 사용하여 제조한 것이 퀀(Quorn)제품인데, 결착제로서 난백을 사용하고 식물성 향신료를 첨가하여 제조한다. 이렇듯 미생물 발효를 통해 얻어진 마이코프로테인을 사용한 대표적인 제품이 퀀(Quorn)인데, 닭가슴살, 스테이크, 소시지 등 다양한 형태로 판매되고 있으며, 영국에서 2017년 상반기에만 8,260만 파운드에 달했으며, 전년도 동기 대비 19% 이상 증가한 규모였다. 퀀(Quorn) 제품의 성장세는 육류의 과도한 섭취에 따른 건강문제와 동물복지 및 채식에 대한 수요가 증가된 것으로 판단된다.

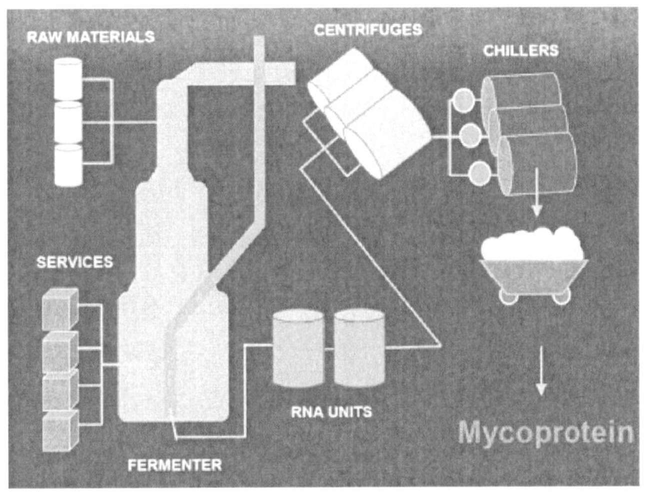

[그림 21] 마이코프로테인(mycoprotein) 제조과정

| Quorn 닭가슴살 | Quorn 스테이크 | Quorn 소시지 |

[표 36] 다양한 퀀(Quorn) 제품들

한편, 모조육(imitation meat)의 또 다른 제조방식은 대두를 기반으로 한 조직화 대두단백(textured soybean protein)을 주원료로 동물성 육류를 대체하는 것이다. 육류 섭취를 줄이기 위한 노력에도 불구하고, 육류에 대한 높은 기호성 때문에 식물성 원료를 사용하여 육류와 유사한 맛과 식감을 구현한 제품으로 널리 판매되고 있다. 다만, 기존의 육류에 비해 관능적으로 기호성이 낮고 맛과 풍미가 차이가 있었기 때문에 일부 채식주의 소비자들을 위한 '콩고기' 수준의 식품으로 여겨져 왔다.

최근에는 이러한 식물성 대체육의 문제를 해소하는 차원을 넘어 상업적으로 성공하여 각광을 받고 있는 식품이 '임파서블 버거(Impossible Burger)', '비욘드 미트(Beyond Meat)'이다. 스탠퍼드대학교 교수였던 패트릭 브라운(Patrick O. Brown)이 몇 년간의 노력 끝에 2011년 설립한 임파서블 푸드(Impossible Foods)는 지난 2016년 식물성 패티를 대량생산하여 뉴욕, 캘리포니아, 시카고 등지의 식당에 공급하여 임파서블 버거를 팔고 있고, 아시아권에도 진출을 모색하고 있다.

임파서블 버거의 패티의 재료는 물(water), 조직화 밀단백질(textured wheat protein), 코코넛 오일(coconut oil), 감자 단백질(potato protein), 천연향료(natural flavors), 레그헤모글로빈(leghemoglobin from soy), 효모 추출물(yeast extract), 소금(salt), 곤약검(konjac gum), 잔탄검(xanthan gum), 분리 대두단백(soy protein isolate), vitamin E, vitamin C, thiamin(vitamin B1), zinc, niacin, vitamin B6, riboflavin(vitamin B2), vitamin B12를 기본 재료로 하고 각종 아미노산류, 설탕, 우육에 존재하는 것으로 알려진 각종 미량 성분들을 혼합한 소위 'Magic Mix'를 160℃로 가열하여 혼합함으로써 기존 우육의 풍미와 맛을 갖도록 고안된 제품이다. 특히, 우육 풍미(beefy flavor)를 생성하고 실제 우육 패티와 유사하게 제조하기 위해 전구물질(precursor)로 사용한 Magic Mix와 대두에서 추출한 레그헤모글로빈(leghemoglobin)을 이용한 것이 주요기술이다.

임파서블 푸드에 따르면, 기존에 소를 사육하여 햄버거를 만드는 방식과 비교하여 임파서블 버거는 경작면적을 95%, 물 사용량을 74% 적게 사용하고, 온실가스를 87% 적게 배출한다. 임파서블 버거에 레그헤모글로빈을 넣은 이유는 육류를 넣지 않고 우육과 유사한 풍미(beefy flavor)를 생성하기 위해서는 철분을 함유한 단백질(hemecontaining protein)과 풍미 전구물질들(f lavor precursors)과 반응이 매우 중요하였기 때문이다. 사실, 철분을 함유한 단백질은 동물, 식물, 미생물 등 다양한 공급원이 있지만, 레그헤모글로빈은 두류 작물(legume crops)에서 폐기되는 부산물을 이용할 수 있고, 미국 전체의 두류 작물 뿌리 중의 레그헤모글로빈은 미국내 소비되는 적색육 중의 마이오글로빈(myoglobin) 함량을 초과할 만큼 풍부하다.

[그림 25] 임파서블 버거

[그림 26] 레그헤모글로빈(Leghemoglobin)

이처럼 실제 육류와 같은 풍미를 구현하는 것은 식물성 고기의 대중화를 위해 가장 중요한 요소로, 식물성 고기 특유의 향을 제거(off-flavor, itch masking)하고, 육류 맛(joy-flavor)을 구현하기 위한 연구가 진행되고 있다. 외국의 경우 식물성 고기 특유의 향에 대한 거부감이 적어 관련 연구를 중점적으로 수행하지 않으나, 국내의 경우 거부감이 상당하여 이에 대한 연구가 중점적으로 수행되고 있다.

스테이크 형태의 육류 맛으로 대표되는 피 맛(blood-taste)을 구현하기 위해 피 맛의 주요 요소인 헴(heme) 성분을 대체할 식물성 소재를 찾기 위한 연구가 진행되고 있으며, 대표적인 예로 미국의 임파서블 푸드에서 앞에서 살펴보았던 레그헤모글로빈을 개발했다.

또 다른 육류 맛으로는 삼겹살 형태의 육류 맛으로 대표되는 지방 맛이 있으며, 이를 구현하기 위한 연구가 진행되고 있다. 국내의 롯데중앙연구소에서는 삼겹살 수요가 많은 우리나라의 특성을 바탕으로 이에 대한 연구를 수행하고 있다. 국내는 식물성 조직 단백 생산 업체가 거의 전무하여 수입에 의존하고 있고, 공정기술 수준이 선도국가 대비 뒤처지고 있다. 또한 풍미 구현을 위한 기술도 초기 단계에 위치한다.

나. 곤충 대체식품[35)36)37]

 곤충이 기존의 식육을 대체할 좋은 단백질 자원이란 것은 잘 알려져 있으나, 미래 보편화를 위해서는 곤충의 섭취에 대한 소비자 혐오증 극복이 가장 큰 과제이다. 현재 약 65% 이상의 곤충이 원형 그대로의 모습으로 판매되며 그 외 분말, 에너지바 등의 제품으로 소비되어 육류처럼 완성도가 높은 요리로서 제공되고 있는 사례들은 많지 않다. 이는 곧 곤충의 섭취에 익숙하지 않은 소비자의 거부감 유발로 이어질 수 있으며 향후 이러한 문제의 극복을 위해서는 소비자 인식의 개선을 위한 꾸준한 노력과 함께 보다 다양한 품종의 확보 및 가공기술 개발이 필요한 실정이다.

 미래 식량자원으로서의 곤충 개발을 위해서 연구되고 있는 기술들은 ① 원재료 가공 ② 단백질 가공 및 ③ 오일류 가공 등이 있다. 원재료 가공기술이란 건조 및 분말화를 통해 곤충을 식품에 적용하는 방법으로 현재 가장 많이 이용되고 있다. 곤충을 건조 후 분말화하여 가공할 경우 원물에 비하여 제품의 부피가 작아 운반이 간편할 뿐 아니라 제품 내 수분활성도가 낮아 장기간 보관할 수 있다. 또한, 식품에 적용 시 향미 등의 품질 특성 향상을 기대할 수 있다.

 단백질 및 오일류 가공기술은 곤충 내 단백질과 오일을 추출해 외형적 특성에서 오는 부정적 영향은 줄이면서 곤충의 성분을 이용하기 위해 연구되고 있다. 아직 개발 초기단계이나 이를 통한 다양한 제품의 생산이 가능하여 미래 식량자원부터 바이오디젤의 제조까지 식용곤충의 활용분야를 넓혀줄 것으로 기대하고 있다. 국내에서는 식용곤충 종류 확대와 더불어 원재료 가공기술을 활용한 제품 출시가 이루어졌으나, 단백질 가공기술, 오일류 가공기술을 활용한 신규 소재의 제품 개발은 아직 이루어지지 않았다.

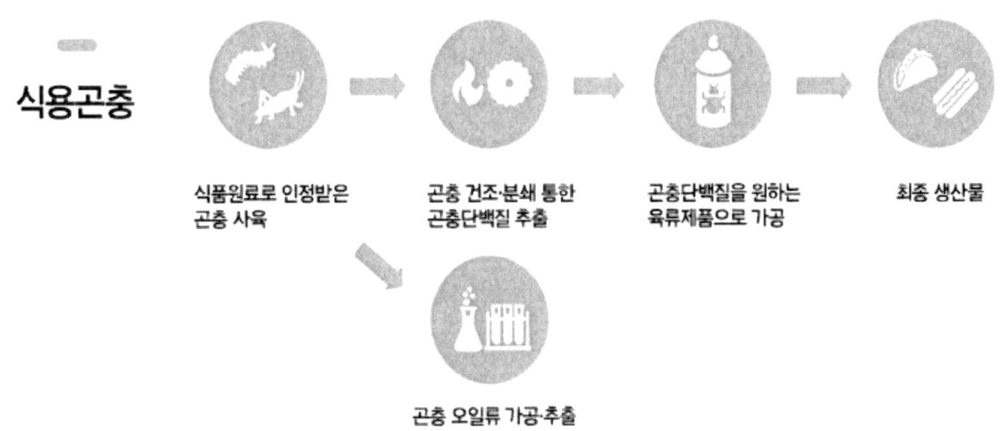

[그림 27] 곤충 대체식품 생산 과정

---

35) 세계 대체육류 개발 동향, 세계 농식품산업 동향, 2018
36) 식육 및 육가공 산업에서의 육류 대체 식품 및 소재의 활용, 축산식품과학과 산업, 2018
37) 대체육(代替肉), 기술동향브리프, 2021

　최근 식용곤충 종류를 확대하기 위해 식품 원료로 등록할 수 있는 곤충 소재 발굴과 함께, 외형적 특성에서 오는 부정적 인식을 없애고 영양성분을 유지하는 방향의 가공기술을 중심으로 연구가 진행되고 있다.

　곤충을 식품원료로 등록받기 위해 식품원료의 특성, 영양성, 독성평가를 비롯해 최적의 제조조건 확립을 위한 연구를 진행하고 있다. 이 일환으로 식품 제조 시 원재료로 적용이 용이하도록 일부 지방을 제거하는 등의 연구가 진행되고 있으며, 국내에서는 2020년 1월 아메리카왕거저리 유충과 2020년 9월 수벌번데기를 식용 곤충으로 신규 등록하였다. 또한 중금속 4종(납, 카드뮴, 비소, 수은)과 병원성 미생물 대장균, 살모넬라균 검사와 식품공전 규정에 따른 식중독균 검사를 통해 안전성을 입증했다.

다. 배양육[38)39)40]

배양육의 상용화를 위해서는 제조공정 개발부터 제조 시 필요한 세포주, 배지, 바이오리액터, 제품 품질 개선 등 다양한 방면의 연구가 필요하며, 실제 상용화된 이후에도 계속해서 관련 연구들이 지속될 것으로 사료된다.

먼저, 배양육 생산은 지지틀 기술(scaffolding)과 자가 조직화 기술(self organizing)을 이용한다. 지지틀 기술은 가축 내 근원세포(myoblast) 또는 위성세포(satellite cell) 등을 분리하여 바이오리액터에서 성장하게 만드는 기술로 근육세포의 분화와 증식을 위해 필수적이다. 이때 이용되는 지지틀은 세포의 부착과 성장을 위해 표면적이 넓고 수축하기 유연해야 하며 향후 손쉽게 분리될 수 있어야만 한다. 가장 좋은 것은 식용으로 섭취할 수 있고 단단한 조직을 가진 천연 소재이며 최근들어 3D 프린팅 기술과 접목하여 연구되고 있는 추세이다.

지지틀에 부착된 세포는 먼저 근관(myotube)으로 전환되고 특정 조건 하에 근섬유(muscle fiber)로 분화되며 이 근섬유를 수확하여 식육제품으로 가공한다. 다만 지지틀 기술만으로는 고도의 구조를 가진 제품의 생산은 어렵고 분쇄육 또는 뼈가 없는 정육의 생산에 적합하다.

반면, 자가 조직화 기술은 근섬유 및 실제 근육 내 존재하는 모든 종류의 세포를 포함한 조직을 외식(explant)하여 배양육을 제조하는 기술이다. 이 기술을 이용하면 지지틀 기술에 비해 보다 고도의 근육질 구조를 가진 배양육을 제조할 수 있다. 이 기술을 통하여 2002년 금붕어 조직을 배양한 사례가 있으나 아직까지 조직의 생장에 필요한 충분한 영양소를 공급하는 방법이 확립되지 않았으며 이를 해결하기 위해 인공 모세혈관 등 여러 가지 방안들이 제시되고 있다.

이와 같이 만들어진 배양육은 아직까지 색 및 외관, 맛, 조직감이 기존의 식육과 조금 다르기 때문에 보다 '고기다운' 제품의 생산을 위한 연구들이 필요하다. 2013년 마크 포스트가 세계 최초로 선보인 배양육 또한 더 고기답게 만들기 위해 비트즙 및 사프란 등을 첨가하여 육색을 재현하였으며, 시식 결과 조직감 자체는 기존의 육류와 비슷하나 지방의 함량이 적고 맛이 부족하단 평가를 받았다. 현재 이를 개선하기 위해 근섬유 외에도 실제 피, 뼈, 지방 등을 함께 생산하는 연구들이 병행되고 있다.

---

38) 세계 대체육류 개발 동향, 세계 농식품산업 동향, 2018
39) 식육 및 육가공 산업에서의 육류 대체 식품 및 소재의 활용, 축산식품과학과 산업, 2018
40) 대체육(代替肉), 기술동향브리프, 2021

[그림 28] 마크 포스트가 제조한 배양육

또한 미래 상용화를 위해서는 대량생산체계 마련이 반드시 필요하며 이를 위해 현재 주로 이용되고 있는 부착세포배양 외 부유세포배양 방법 등이 연구되고 있을 뿐만 아니라 배지 조성 등 제조비용 및 품질적인 측면에서 더욱 더 우수한 배양육을 생산하기 위해 노력하고 있다.

현재 Cargill이나 Tyson Foods와 같은 세계 선도 농식품 기업들과 Bill Gates와 같은 IT 업계의 큰 손들이 앞다투어 투자하고 있으며, 대표적인 회사로는 네덜란드의 Mosa Meat, 미국의 Memphis Meat, 그리고 중국 회사가 크게 투자한 이스라엘의 배양육 생산 회사가 있다. 상업적 규모의 생산은 2021년으로 예상된다.

최근 많은 회사들은 소, 닭 등 일반적으로 소비량이 많은 동물을 대상으로 배양육 연구를 진행하고 있으며, 일부 회사들은 돼지, 푸아그라, 생선, 갑각류, 캥거루 등을 이용한 배양육 생산을 연구하고 있다.

기업명	국가	연구항목
Just Eat	미국	닭
Memphis Meats	미국	닭, 오리, 소
Super Meat	이스라엘	닭
Aleph Farms	이스라엘	소
Mosa MEat	네덜란드	소
Integriculture	일본	소, 푸아그라
Blue Nalu	미국	생선
Shiok	싱가포르	갑각류
VOW Food	호주	캥거루
Higher Steaks	영국	돼지

[표 37] 세계 주요 대체육 기업의 연구항목

또한 대상 동물이 확장됨에 따라 다품종 배양육 생산을 위해 cell library 구축을 추진하는 회사도 등장했다. 호주의 VOW Food는 cell library 구축을 통해 사자, 야크, 거북이 등 일반적으로 소비되지 않는 육류를 활용할 계획이다.

배양육 생산의 필수 요소인 세포와 관련해서는 근위성세포[41](Myosatellite cell)를 일반적으로 사용하고 있으며, 배아줄기세포(Embryonic stem cell), 유도만능줄기세포(Induced pluripotent stem cell) 등을 이용한 배양육 생산 방법에 대한 연구도 진행되고 있다. 네덜란드의 Mosa Meat과 미국의 Eat Just 등 대다수의 업체가 근위성세포를 사용하여 시제품 또는 정식 제품을 출시했으며, 영국의 Higher Steaks는 유능만능줄기세포를 이용한 시제품을 공개했다.

배지의 주요 성분 중 하나인 소태아혈청(FBS, fetal bovine serum)은 보편적으로 사용되는 필수 성분이나, 높은 단가로 인해 이를 대체하기 위한 연구가 수행되고 있다. 무혈청 배지 개발을 위해 많은 회사가 연구를 진행하고 있다. 호주의 Heuros는 유전자 조작 없이 재조합 단백질을 합성하여 항생제, 호르몬 및 혈청이 함유되지 않은 배지를 연구하고 있으며, 네덜란드의 Mosa Meat과 이스라엘의 Super Fields 등의 회사도 무혈정 배지 개발에 착수했다.

또한 최근 성장 인자를 첨가하지 않고 주변에 다른 세포를 배양하여 필요한 성장 인자를 공급받는 방법을 연구하는 회사도 등장했다. 일본의 Integriculture는 범용 대규모 세포 배양 기술인 CulNet System을 개발했다.

지지체는 세포의 증식과 분화를 위해 필요한 요소로 마이크로캐리어(미세담체)와 스케폴드 유형이 존재하며, 배양육 형태를 비롯해 질감, 풍미 등에 영향을 미친다. 마이크로캐리어는 다진 고기 형태이며, 스캐폴드는 덩어리 형태의 배양육 생산에 주로 사용한다. 현재 식용이 가능한 콜라겐과 같은 biomaterials를 이용한 3차원 지지체 개발이 진행 중이며, 지지체 개발에 3D 바이오프린팅 기술을 활용하기 시작했다. 미국의 Matrix Meats는 3D 나노섬유를 이용하고 있으며, 미국의 Excell은 균사체, 한국의 다나그린은 콩단백을 이용한 제품을 개발했다.

생물반응기는 조직공학적 측면에서 필수적인 구성 요소로, 배양육의 종류에 따라 다양한 형태의 생물반응기가 필요하다. 전통적으로 회전생물반응기(rotating bioreactor)를 주로 사용하며, 생물반응기와 3D 바이오프린팅을 접합하여 생산하는 회사가 등장했다. 이스라엘의 MeaTech는 원심분리기로 농축한 줄기세포를 바이오잉크[42]와 혼합하여 원하는 조직 형태로 가공하는 기술을 보유하고 있다.

한국은 현재 실험실 단계에서 소와 닭의 근위성세포를 이용하여 배양육을 만들 수 있는 기술 수준을 보유하고 있지만, 상업화를 위한 단가절감 및 대량생산을 위한 기술은 선도업체 대비 미약한 수준으로 2023~2025년 쯤 시제품 출시가 예상된다.

---

41) 근육위성세포로, 근육줄기세포 등으로도 불린다.
42) 세포, 성장 인자 등 각종 생체 재료가 함유된 젤 형태의 잉크

06

대체식품 특허 동향

6. 대체식품 특허 동향
가. 식물성 대체식품

1	곡물고기 조성물 및 그 제조 방법

특허번호	1020080090169	**발명자**	장해영
출원인	홍춘자	**최종권리자**	주식회사 지구인컴퍼니
출원일	2008.09.12	**등록일**	2011.02.10

요약

본 발명은 글루텐을 이용하여 일반 육류와 거의 같은 식감을 제공할 수 있도록 하는 곡물고기 조성물 및 그 제조 방법에 관한 것이다.

본 발명은 곡물고기 조성물의 식감을 동물성 육류와 거의 동일한 수준으로 개선함과 아울러, 조리시 절단된 조성물의 내층까지 양념이 침투되도록 한 것이다. 이를 위하여 본 발명은 부드러우면서도 질긴 동물성 육류의 질감을 얻도록 함과 아울러 영양의 균형을 맞추며, 곡물고기 조성물 내부에 미세 공극을 무수히 이를 탈수 시켜 공극 내부의 유분을 제거하여 소스 수용 능력을 최대화하고, 소스의 침투가 효과적으로 이루어 지도록 함으로써 소스와 조성물이 어우러지는 풍미를 제공할 수 있도록 한 것이다.

이와 같이 하여 본 발명은 부드러우면서도 질긴 질감을 주어 식감이 동물성 육류와 유사하도록 함과 아울러, 콜리스테롤을 전혀 함유하지 않으면서 식물성 지방에 의하여 영양의 균형을 맞춘 이상적인 곡물고기 조성물을 제공할 수 있으며, 곡물고기의 내층까지 양념이 고루 침투하도록 하여 우수한 풍미를 지닌 불고기맛 곡물고기 조성물을 제공할 수 있게 되는 유용한 효과가 있다.

2   식물성 지방이 첨가된 식물성 고기 및 이의 제조방법

특허번호	1020180129793	**발명자**	조영재, 최미정, 김홍균, 배준환, 위기현
출원인	건국대학교 산학협력단	**최종권리자**	건국대학교 산학협력단
출원일	2018.10.29	**등록일**	2021.02.05

요약

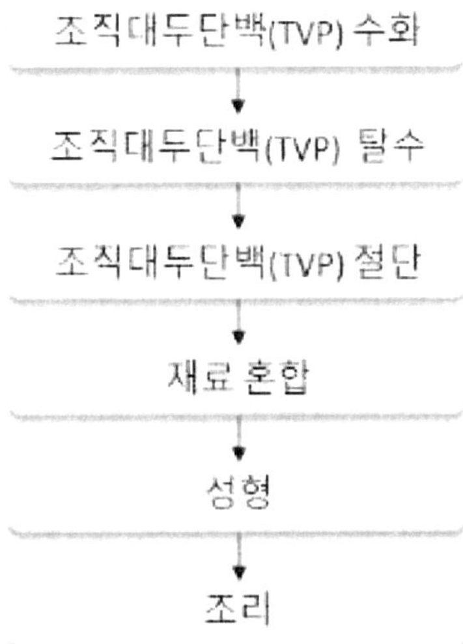

본 발명은 식물성 지방이 첨가된 식물성 고기 및 이의 제조방법에 관한 것이다. 본 발명은 식물성 지방을 에멀전화하여 식물성 고기에 추가 시 기존의 식물성 고기 대비 다즙성이 월등히 높아져 고기와 비슷한 식감을 얻을 수 있으며, 따라서 기존 식물성 고기의 식감에 불만을 갖던 많은 사람들의 관심을 얻을 수 있는 효과가 있다.

특허번호	1020160117605	**발명자**	이수혁
출원인	이수혁	**최종권리자**	(주) 진주물산
출원일	2016.09.12	**등록일**	2016.11.30

요약

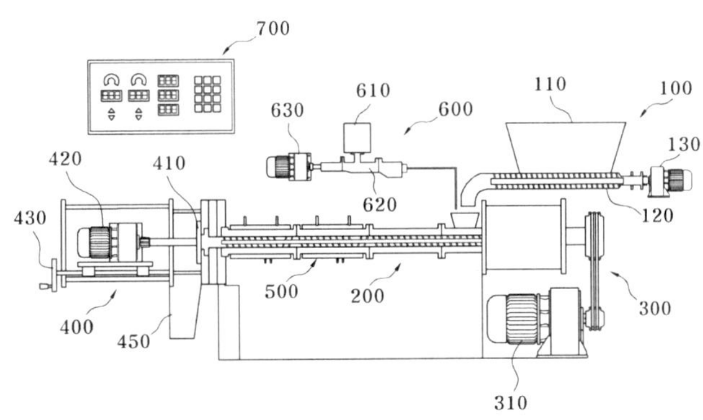

본 발명은 재료의 혼합, 가압 및 가열이 동시에 수행되어 혼합재료를 호화 및 팽화시켜 식물성 콩고기를 연속으로 제조할 수 있는 이축 압출기를 이용한 식물성 콩고기 제조장치에 관한 것이다.

상기의 과제를 해결하기 위하여 본 발명에 따른 이축 압출기를 이용한 식물성 콩고기 제조장치는 원료를 공급하는 공급부; 상기 공급부에서 공급되는 원료를 혼합하고 압출하여 팽화시키는 혼합 압출부; 상기 혼합 압출부를 구동시키는 구동부; 상기 혼합 압출부에서 연속적으로 배출되는 팽화된 원료를 절단하는 커팅부; 상기 혼합 압출부의 외측면에 설치되어 상기 혼합 압출부를 가열시키거나 냉각시키는 가열냉각부; 및 상기 혼합 압출부로 공급되는 원료에 물을 공급하는 물 공급부 를 포함하여 구성되되, 상기 혼합 압출부는 내부에 이축 스크루 수용공이 길이방향으로 구비되고, 일측은 폐쇄되며 타측은 개구된 구조로 이루어진 하우징; 상기 하우징의 폐쇄측 상부에 설치되어 상기 공급부에서 공급되는 원료를 상기 하우징의 내부로 안내하는 유입호퍼; 상기 하우징의 이축 스크루 수용공에 회전 가능하게 설치되고, 상기 구동부에서 인가된 동력에 의해 회전되는 한 쌍의 스플라인; 상기 스플라인 각각에 삽입되어 설치되고, 상기 유입호퍼를 통해 유입된 원료를 상기 하우징의 개구측으로 이송하면서 압출시키는 압출 스크루; 상기 하우징의 개방측에 설치되어 상기 하우징을 지지하는 하우징 지지판; 상기 하우징 지지 플레이트에 면접되어 설치되고, 다이 안착통공이 구비되는 압출 다이판; 및 상기 압출 다이판의 다이 안착통공에 설치되어 상기 압출 스크루에 의해 이송 압출된 원료를 팽화시켜 배출시키는 압출 다이를 포함하여 구성되는 것을 특징으로 한다.

특허번호	1020190151073	**발명자**	노은정
출원인	노은정	**최종권리자**	노은정
출원일	2019.11.22	**등록일**	2020.01.20

요약

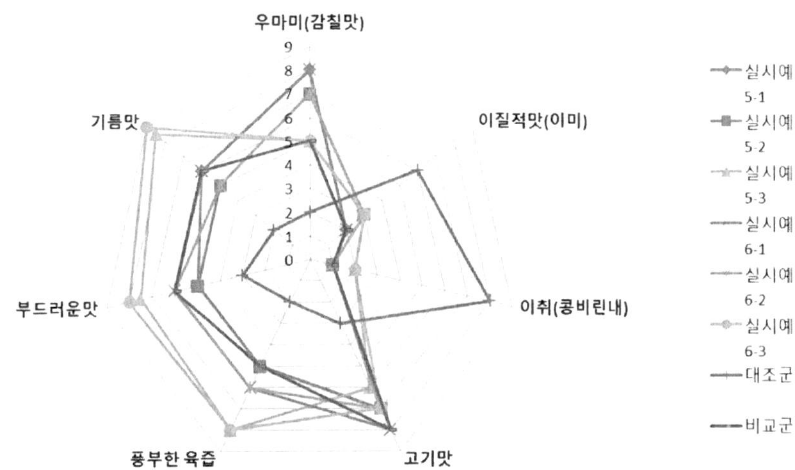

본 발명은 식물성 대체육에 첨가되어 관능학적으로 고기맛을 부여하고, 이취를 감소시키며, 영양학적으로 진세노사이드 및 철분이 보강된 식물성 대체육 첨가물을 제공한다.

특허번호	1020130020473	**발명자**	노소영진, 김정
출원인	지리산맑은물춘향골영농조합법인 서남대학교 산학협력단 (재)전북바이오융합산업진흥원	**최종권리자**	지리산맑은물춘향골영농조합법인 서남대학교 산학협력단 (재)전북바이오융합산업진흥원
출원일	2013.02.26	**등록일**	2014.10.10

요약

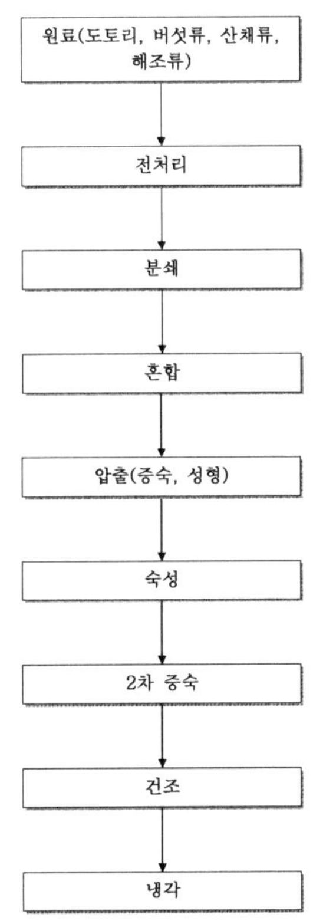

쌀, 도토리, 식이섬유 또는 산채 등의 농수산물을 건식 또는 습식으로 분쇄하는 단계와, 쌀가루, 도토리가루, 전분류, 견과류, 콩단백질, 해조류, 버섯류, 산채류를 1~2분간 혼합하는 단계, 상기의 혼합물에 소금을 녹인 정제수 20.0~60.0중량부를 넣고 반죽하는 단계; 상기의 반죽을 40~90℃로 압출 증숙 및 숙성시키는 단계, 상기의 성형물을 70~99℃의 스팀으로 2차 증숙하는 단계; 상기의 2차 증숙된 성형물을 30~50℃로 수분 13~30%로 건조시키는 단계; 건조된 도토리 고기를 냉각시키는 단계를 포함하는 것을 특징으로 하는 도토리를 포함한 식물성고기 및 그의 제조방법에 관한 것이다.

본 발명의 도토리불고기는 식물성 육류대용의 다이어트식으로 만든 건조묵 형태이므로 소화흡수율이 높고, 성인병의 예방에 좋다. 또한 수분함량이 낮으므로 저장유통이 용이하다.

특허번호	1020200068531	**발명자**	김태완, 김성수
출원인	김성수 주식회사 네이처센스	**최종권리자**	김성수 주식회사 네이처센스
출원일	2020.06.05	**등록일**	2021.04.13

요약

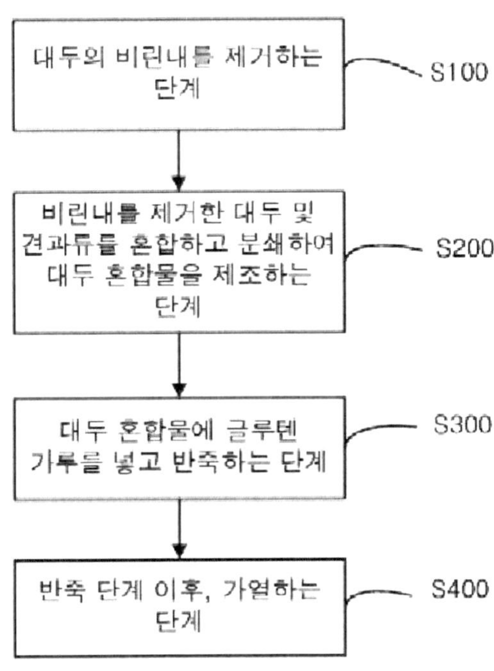

본 발명은 항균, 항바이러스 및 항염 활성을 나타내는 식물성 고기에 관한 것으로, 콩 또는 밀로부터 분리한 단백질을 이용하여 제조한 식물성 고기로, 상기 단백질에 소, 돼지 또는 닭의 혈액 또는 상기 혈액에서 분리한 헤모글로빈을 혼합하여, 기호성을 향상시킨 식물성 고기를 제공할 수 있다.

또한, 육류와 동등한 수준의 질감과 맛을 제공할 수 있고, 필수 아미노산을 제공할 수 있는 체중 조절용 식물성 고기로의 제공을 가능하게 한다.

특허번호	1020160078807	**발명자**	박상규
출원인	남부대학교산학협력단	**최종권리자**	남부대학교산학협력단
출원일	2016.06.23	**등록일**	2018.03.08

요약

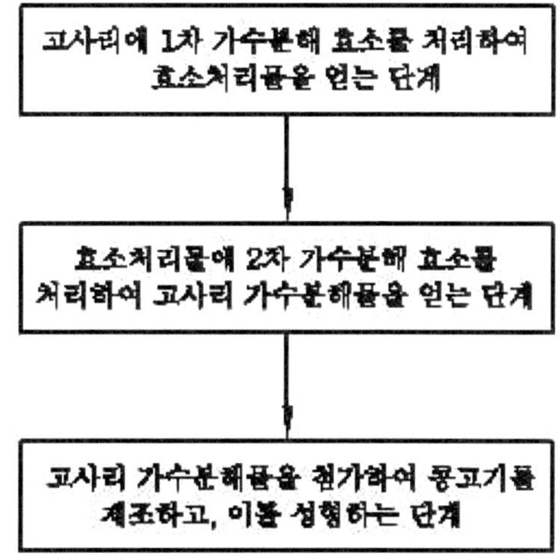

본 발명은 섬유질 분해효소가 처리된 고사리를 포함하는 식물성 고기의 제조방법 및 이로부터 제조된 콩고기에 관한 것으로, 보다 상세하게는 고사리에 섬유질 분해효소를 혼합 처리하여 만들어진 기능적 성질이 향상된 고사리 가수분해물로 식물성 고기를 제조하는 방법 및 상기 식물성 섬유질을 포함하는 콩고기에 관한 것으로, 식물성 고기를 제조하는 방법의 구성은, (a) 고사리에 1차 탄수화물 가수분해 효소인 엔도-1.4-글루카나제(endo-1.4-glucanase. EC. 3.2.1.4)를 혼합 처리하여 효소처리물을 얻는 단계; (b) 상기 (a) 단계의 효소처리물에 2차 탄수화물 가수분해 효소인 엑소-베타-1.4-글루칸셀로비오하이드라아제(exo-1.4-β-glucancellobiohydrolase. EC. 3.2.1.91) 및 셀로비아제(cellobiase. EC. 3.2.1.21) 복합 활성 효소를 혼합 처리하여 고사리 가수분해물을 얻는 단계; (c) 상기 (b) 단계의 고사리 가수분해물을 열처리하여 멸균하는 단계; 및 (d) 상기 (c) 단계를 거친 고사리 가수분해물을 통상의 콩고기 재료에 첨가하여 콩고기를 형성하고, 이를 원하는 형상으로 성형하는 단계로 이루어진다.

특허번호	1020160172641	**발명자**	장한수, 서향임, 김영아, 김미나
출원인	(재)전북바이오융합산업진흥원	**최종권리자**	(재)전북바이오융합산업진흥원
출원일	2016.12.16	**등록일**	2017.06.12

요약

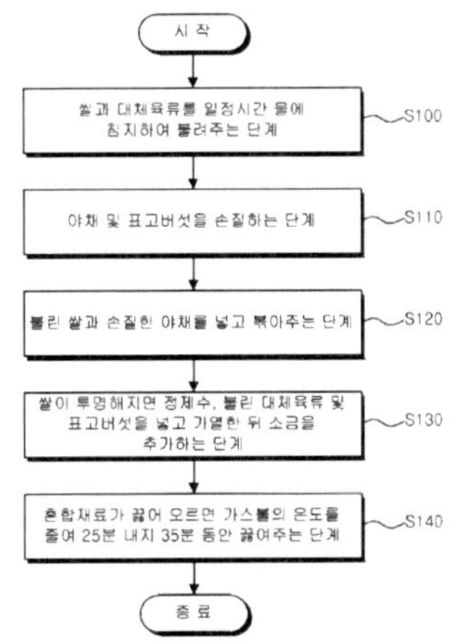

본 발명의 제 1 실시예에 따른 육류대체소재를· 활용한 죽 제조방법은, (a) 쌀과 육류대체소재를 일정시간 물에 침지하여 불려주는 단계; (b) 야채 및 표고버섯을 손질하는 단계; (c) 불린 쌀과 손질한 야채를 넣고 볶아 주는 단계; (d) 쌀이 투명해지면 정제수, 불린 육류대체소재 및 표고버섯을 넣고 가열한 뒤 소금을 추가하는 단계 및 (e) 혼합재료가 끓어 오르면 가스불의 온도를 줄여 25분 내지 35분 동안 끓여주는 단계를 포함하며, 상기 육류대체소재는 대두단백, 유청단백, 우유단백 중 하나를 포함하며, 상기 야채는 당근, 양파, 애호박을 포함하는 것을 특징으로 한다.

본 발명의 제 2 실시예에 따른 육류대체소재를 활용한 죽 제조방법은, (a) 쌀과 육류대체소재를 일정시간 물에 침지하여 불려주는 단계; (b) 야채, 표고버섯, 김치, 해산물을 손질하는 단계; (c) 불린 쌀과 손질한 야채를 넣고 볶아 주는 단계; (d) 쌀이 투명해지면 육수, 불린 육류대체소재, 표고버섯, 김치, 해산물을 넣고 가열한 뒤 소금, 고춧가루, 표고버섯추출액 및 후추를 추가하는 단계 및 (e) 혼합재료가 끓어 오르면 가스불의 온도를 줄여 25분 내지 35분 동안 끓여주는 단계를 포함하며, 상기 육류대체소재는 대두단백, 유청단백, 우유단백 중 하나를 포함하며, 상기 해산물은 새우 및 바지락살을 포함하고, 상기 야채는 당근, 양파, 애호박을 포함하는 것을 특징으로 한다.

이를 통해, 제조된 육류대체소재를 활용한 죽은, 육류섭취를 꺼리는 채식주의자 또는 무슬림 등의 사람들도 섭취할 수 있는 장점이 있으며, 식사대용으로 섭취 시에도, 균형잡힌 영양소 공급이 이루어 질 수 있는 특징이 있다.

나. 식용곤충

1   식용곤충을 이용한 고단백질 식품의 제조방법

특허번호	1019803230000	**발명자**	문영실, 최영희
출원인	문영실, 최영희	**최종권리자**	문영실, 최영희
출원일	2017.07.07	**등록일**	2019.05.14

요약

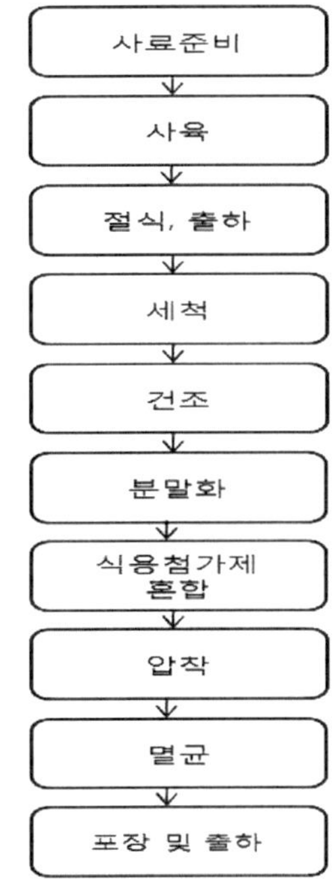

본 발명은 식용 곤충을 이용한 고단백질 식품의 제조방법에 관한 것으로서, 고단백질 식품인 식용곤충을 효율적으로 섭취하기 위해서 a) 식용곤충의 사료를 위생적 관리하여 확보하는 단계; b) 사육용 식용곤충의 애벌레를 상기 단계에서 확보된 사료에 첨가하여 사육하는 단계; c) 사육된 식용곤충의 애벌레를 출하 전 48 ~ 120시간 동안 절식시킨 후 수확하는 단계; d) 수확된 곤충을 세척하는 단계; e) 세척된 곤충을 건조하는 단계; f) 건조된 곤충을 1200 ~ 2000 mesh로 분쇄하여 분말화 하는 단계; g) 상기 곤충분말에 식물성 식용첨가제를 혼합하는 단계; h) 상기 혼합 분말화 곤충을 5 ~ 20 배로 압착하여 고농축 하여 타블렛 형식으로 제형화하는 단계; i) 타블렛 형식으로 제형화된 농축 곤충을 121℃에서 5 ~ 30 분 동안 멸균시키는 단계; 및 j) 멸균된 농축 곤충 타블렛을 포장하는 단계;를 포함하는 것이 특징이다. 본 발명에 의해, 식용곤충은 소비자의 곤충 섭취에 관한 거부감을 감소시키고 고단백질의 식용곤충을 단백질 식품으로 이용함으로써 환경오염을 줄이고, 소화흡수율이 높아 경제적이면서도 건강 증진에 큰 도움이 되는 식용곤충의 제조방법이 제공된다.

특허번호	1020190018798	**발명자**	원광희
출원인	원광희	**최종권리자**	원광희
출원일	2019.02.18	**등록일**	2021.02.04

요약

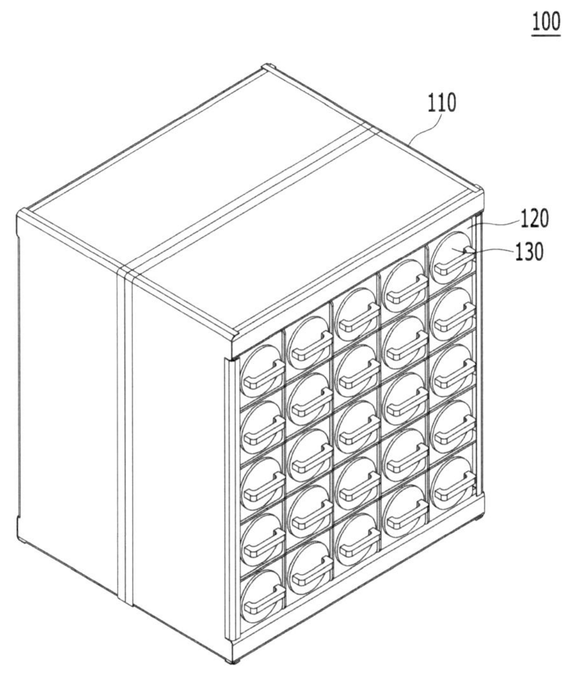

식용곤충 사육 장치가 개시된다. 본 발명의 일 실시예에 따르면, 복수의 보관부를 갖는 본체 프레임, 보관부에 배치되며, 내부에 식용곤충을 사육 가능한 공간이 형성되는 케이지(cage), 케이지에 개폐 가능하도록 결합되는 도어, 케이지의 내부에 설치되어 식용곤충의 활동을 위한 이동 경로를 제공하는 활동유도 구조물, 본체 프레임에 설치되어 케이지 내부의 온도, 습도 및 오염도를 조절하는 공조 유닛, 및 공조 유닛의 작동을 제어하는 제어 유닛을 포함하는 식용곤충 사육 장치가 제공된다.

특허번호	1020190012264	**발명자**	이봉학
출원인	주식회사 반달소프트	**최종권리자**	주식회사 반달소프트
출원일	2019.01.30	**등록일**	2021.03.15

요약

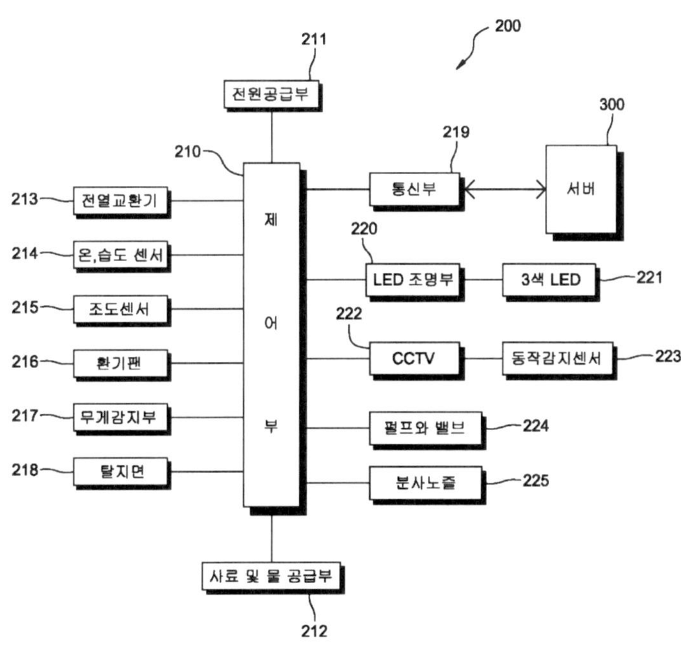

본 발명은 곤충 사육을 위한 스마트팜 시스템 및 운용방법에 관한 것이다.

본 발명은 이를 위해 적어도 하나 이상의 곤충사육장치(100); 곤충사육장치(100)에 구비되며, 곤충의 성장환경을 실시간 감지하여 성장에 효율을 극대화시킨 데이터베이스를 토대로 곤충이 성장하는데 특정 목적으로 가장 잘 성장하기 위한 환경을 제공해주는 스마트팜 시스템(200); 스마트팜 시스템(200)과 유,무선으로 연결되어 데이터를 주고받고, 학습기계와 데이터베이스가 포함된 서버(300); 및 스마트팜 시스템(200) 또는 서버(300)를 외부에서 실시간 제어하는 단말기(400);가 포함된다.

상기와 같이 구성된 본 발명은 식용 곤충의 성장환경을 감지하여 성장에 효율을 극대화시킨 데이터베이스를 토대로 빛과 물 등을 제공함으로써 식용 곤충이 성장하는데 특정 목적으로 가장 잘 성장하기 위한 환경을 제공하게 되고, 이로 인해 스마트팜 시스템의 품질과 신뢰성을 대폭 향상시키므로 사용자인 소비자들의 다양한 욕구(니즈)를 충족시켜 좋은 이미지를 심어줄 수 있도록 한 것이다.

특허번호	1020180161373	**발명자**	박보람, 장현욱, 최한석, 박신영, 여수환, 정석태, 이미연, 정우수
출원인	대한민국(농촌진흥청장)	**최종권리자**	대한민국
출원일	2018.12.13	**등록일**	2020.11.24

요약

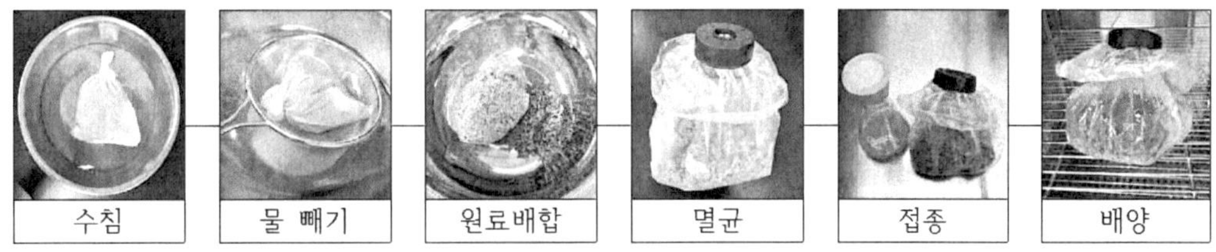

미생물 발효를 통한 식용곤충의 이취제어 방법에 관한 것으로,

본 발명의 일 측면에서 제공되는 식용곤충의 이취 저감방법은, 이취로 인해 소비자의 기호도를 충족하지 못하던 식용곤충의 특이한 이취를 현저히 저감시킬 수 있는 효과가 있으며, 그중에서도 특히, 식품원료로 가장 최근에 인정된 장수풍뎅이 유충에 대하여도 이취를 현저히 저감시킬 수 있다.

| **5** | 식용곤충의 유충을 이용한 기능성 젓갈, 이의 제조방법, 그리고 이를 포함하는 건강기능식품 |

특허번호	1020180029064	**발명자**	윤은영
출원인	세종대학교산학협력단	**최종권리자**	세종대학교산학협력단
출원일	2018.03.13	**등록일**	2020.05.28

요약

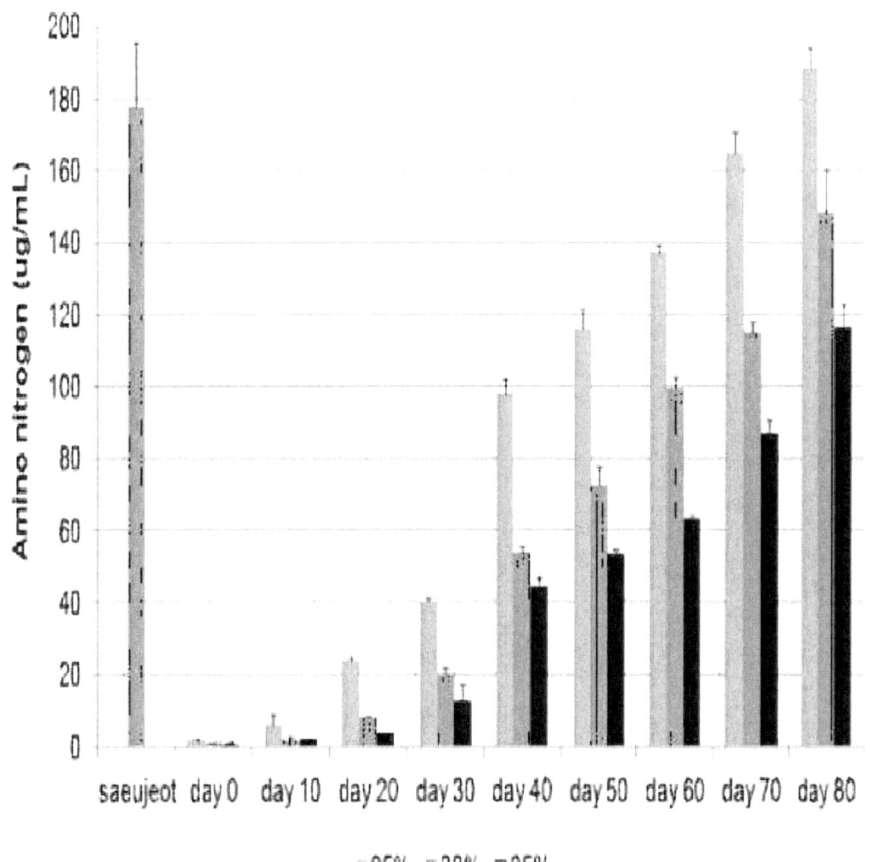

본 발명은 식용곤충의 유충을 이용한 기능성 젓갈, 이의 제조방법 및 이를 포함하는 건강기능식품에 관한 것으로, 미래식량부족 문제를 해결하기 위한 대체식량자원으로의 가치가 있으며, 식용곤충을 가공한 식품을 개발함으로써 다양한 먹거리 및 부가가치를 제공하고 농가소득에 기여하는 효과가 있고, 항산화 활성에 의해 예방 또는 개선될 수 있는 각종 질병, 상태 등을 예방 또는 개선시킬 수 있는, 식용곤충의 유충을 이용한 기능성 젓갈, 이의 제조방법 및 이를 포함하는 건강기능식품에 관한 것이다.

특허번호	1020190057010	**발명자**	정승관
출원인	주식회사 친한에프앤비 정승관	**최종권리자**	주식회사 친한에프앤비 정승관
출원일	2019.05.15	**등록일**	2019.09.23

요약

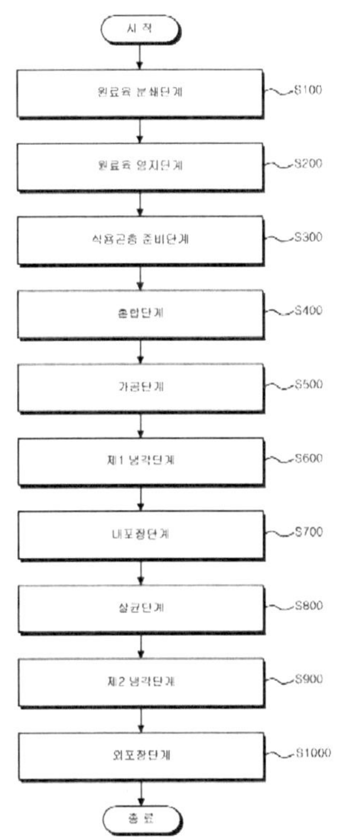

본 발명은 식용곤충을 이용한 간식 제조방법에 관한 것으로, 보다 상세하게는 원료육을 분쇄하는 원료육 분쇄단계; 상기 분쇄된 원료육을 염지하여 가공원료육을 제조하는 원료육 염지단계; 가공식용곤충을 준비하는 식용곤충 준비단계; 상기 가공원료육, 가공식용곤충 및 부재료를 혼합하여 혼합육을 제조하는 혼합단계; 상기 혼합육을 가공하는 가공단계; 상기 가공된 혼합육을 1차 냉각하는 제1 냉각단계; 상기 1차 냉각된 혼합육을 내포장하는 내포장단계; 상기 내포장된 혼합육을 살균하는 살균단계; 상기 살균된 혼합육을 2차 냉각하는 제2 냉각단계 및 상기 2차 냉각된 혼합육을 외포장하는 외포장단계를 포함하고, 상기 원료육은, 돼지고기, 닭고기, 소고기, 양고기, 오리고기, 캥거루고기, 말고기 중 하나를 포함하는 구성으로 형성되는 식용곤충을 이용한 간식 제조방법에 관한 것이다.

또한, 식용곤충을 이용한 간식은, 가공원료육, 가공식용곤충 및 부재료를 포함하고, 상기 부재료는, 치즈, 천연조미료, 천연향신료, 곡물류, 산도조절제를 포함하는 식용곤충을 이용한 간식에 관한 것이다.

특허번호	1020160178964	**발명자**	최윤상, 김영붕, 전기홍, 구수경, 박종대, 김은미, 최현욱, 김민정, 최희돈, 성정민
출원인	한국식품연구원	**최종권리자**	한국식품연구원
출원일	2016.12.26	**등록일**	2018.11.21

요약

본 발명은 식용곤충이 함유된 유화형 식육제품 및 이의 제조방법에 관한 것으로 (A) 식용곤충을 1 내지 2일 동안 절식시킨 후 분쇄하는 단계; (B) 분쇄된 식용곤충 분말을 볶는 단계; (C) 볶은 식용곤충 분말을 탈지하는 단계; (D) 분쇄된 원료육과 지방에 (C)단계에서 제조된 탈지 식용곤충 분말 및 얼음을 첨가하여 유화함으로써 유화물을 제조하는 단계; (E) 제조된 유화물을 케이싱에 충진하는 단계; 및 (F) 케이싱에 충진된 유화물을 가열한 후 냉각시키는 단계를 포함함으로써, 원료육의 함량을 낮추더라도 식용곤충을 사용하지 않은 유화형 식육제품과 유사한 품질을 보이며, 인체에 유익한 성분을 함유하는 식용곤충을 이용함으로써 몸에 이로운 유화형 식육제품을 제공할 수 있다.

특허번호	1020180013509	**발명자**	이은정, 이일남, 정호준
출원인	사단법인 맥널티 공동연구법인	**최종권리자**	한국맥널티 주식회사
출원일	2018.02.02	**등록일**	2018.11.15

요약

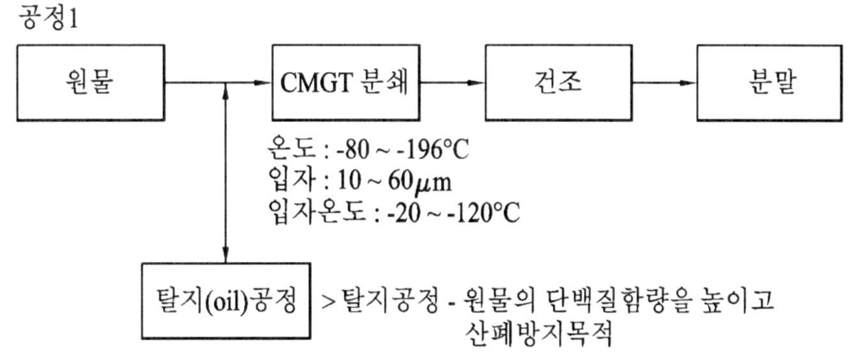

본 발명은 극저온 초미세 분쇄법(Cryogenic Micro Grinding Technology: CMGT)을 이용하여 귀뚜라미, 갈색거저리와 같은 곤충류를 분쇄하여 분말화 하였을 때, 영양성분의 파괴를 최소화하여 영양성분 함량을 그대로 유지시키고 체내 소화율을 향상시키는 방법에 관한 것이다. 본 발명에 따르면 단백질 함량이 많은 식용 곤충을 -196 내지 -80℃의 극저온에서 10 내지 60㎛의 초미세 크기로 분쇄하는 과정을 거치면서 영양성분의 파괴를 최소화 함으로써 성분을 최대한 유지되고, 체내 소화율이 향상되는 효과가 있다.

다. 배양육

<table>
<tr><td colspan="4">1　버섯농축액과 배양액을 이용한 패티 제조 방법</td></tr>
</table>

특허번호	1020170120431	**발명자**	임동표, 임경준, 김창현, 강계원, 이승열
	주식회사 엠비지		주식회사 엠비지
출원인	임동표	**최종권리자**	임동표
	임경준		임경준
출원일	2017.09.19	**등록일**	2018.04.18

요약

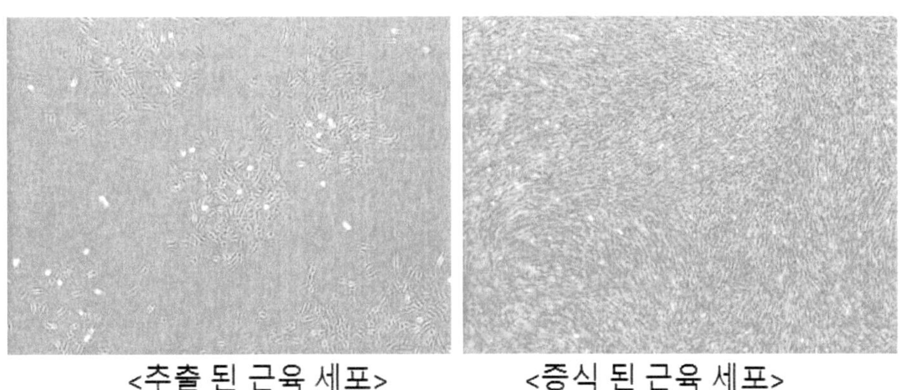

본 발명은 버섯농축액과 배양액을 이용한 패티 제조 방법에 관한 것이다.

본 발명의 버섯농축액과 배양액을 이용한 패티 제조 방법은, 소의 근육 조직으로부터 추출된 근육 위성 세포를 배양하여 증식시킨 배양액을 유동층코팅조건하에서 바텀스프레이(bottom spray) 형태로 분무하면서 반복적인 유동화를 통해 1500-2,500 μm 입자크기의 씨드를 제조하는 씨드제조단계와; 버섯농축액을 코팅분무액으로 준비하고, 상기 씨드를 유동층코팅기 내부에 투입한 후, 상기 코팅분무액을 유동층코팅조건하에서 바텀스프레이(bottom spray) 형태로 분무하면서 반복적인 유동화를 통해 씨드에 코팅하여 쇠고기분말 함량비율이 30 내지 70중량%가 되는 구형 과립을 제조하는 과립제조단계와; 상기 구형과립에 액상의 식용 지방을 혼합 및 교반하여 패티조성물을 제조하는 혼합단계와; 상기 패티조성물을 패티용 틀에 투입하여 성형한 후 경화시켜 패티를 제조하는 성형단계;를 포함하여 구성된다.

본 발명에 의해, 일반적으로 햄버거 등에 사용되는 패티의 경우 분쇄육으로 이루어져 있고 소비자들은 이에 대한 거부감이 없는 것에 착안하여, 소의 근육세포에서 추출된 근육 위성 세포를 배양한 배양액이나, 배양액을 증식시켜 근육세포로 분화시켜 배양육을 형성하되 근섬유 형성 이전 단계의 배양육을 활용하여 양질의 식감과 맛을 내는 패티가 제공된다.

특허번호	1020190170537	**발명자**	이희재, 금준호, 장하림, 김민영, 송상현, 정태근
출원인	주식회사 씨위드	**최종권리자**	주식회사 씨위드
출원일	2019.12.19	**등록일**	2020.08.27

요약

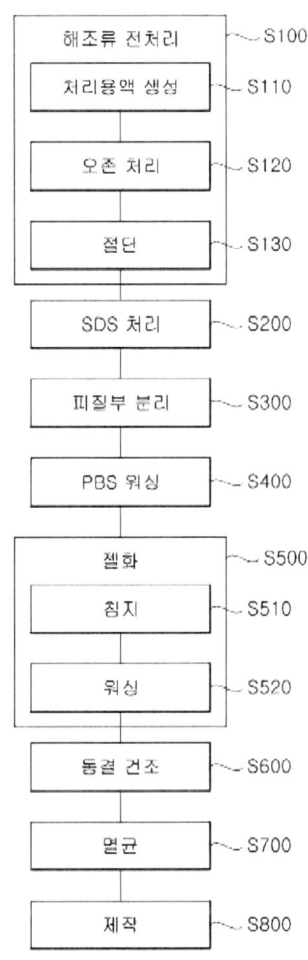

본 발명은 세포 배양용 지지체에 대한 것으로 해조류의 탈세포화를 통해 추출한 알지네이트(alginate)와 셀룰로오스(cellulose)로 복합 조성된 하이드로젤 구조를 가지며 제조가 간단하면서도 저비용으로도 세포를 안정적으로 성장시킬 수 있는 세포 배양용 지지체가 제공된다.

07

대체식품 기업 동향

7. 대체식품 기업 동향

가. 해외 기업

1) Beyond Meat[43]

[그림 47] Beyond Meat

Beyond Meat(이하 '비욘드미트')는 2009년 미국에서 설립되어 식물성 대체육 생산, 판매 사업을 영위하는 기업이다. 비욘드미트는 2013년부터 식물성 닭고기 제품을 판매했으며, 2014년에 식물성 소고기를 개발했다. 이후 식물성 고기에 대한 소비자 수요의 증가와 지속적인 R&D를 통해 실제 고기와 같은 맛과 형태를 구현하는 제품 경쟁력을 가진 푸드테크 기업으로 자리잡으면서 2019년 5월 나스닥 시장에 상장했다.

비욘드미트는 크게 식물성 기반의 소고기, 돼지고기, 닭고기 제품을 핵심으로 하여 생고기 형태 혹은 냉동고기 형태로 판매하고 있다. 비욘드미트의 제품은 100% 식물성 기반의 제품이나 포장 형태는 일반 육고기와 비슷한 모습이며, 그 중 소고기 패티 형태로 되어있는 'Beyond Burger'가 매출의 64%를 차지하는 플래그십 제품이며, Beyond Sausage가 전체 매출의 약 23%로 2위 제품이다.

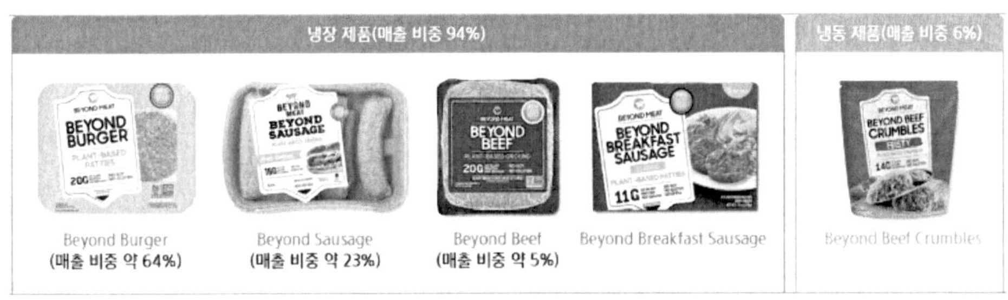

[그림 48] 주요 제품 소개

비욘드미트의 제조 공정은 크게 3단계로 나누어져 있다. 첫 번째로, 식물성 단백질이 포함되어있는 원재료를 추출기에 넣고 물과 증기를 첨가하여 가공할 수 있도록 섬유화한다. 두 번째로, 섬유화된 단백질을 잘라서 냉동하여 모든 제품의 기본 재료를 생성한다. 마지막 세 번째로는 이를 바탕으로 향과 다른 첨가물을 입혀 최종 완제품을 생산한다. 1~2단계는 자체 공정을 통해 생산하고, 3단계는 계약된 제3자가 생산하는 방식으로, 제 3자가 제품을 완성하면 창고로 가거나, 소비자가 구매할 수 있는 채널로 배송된다.

---

43) Beyond Meat, 삼성증권, 2020.07.10

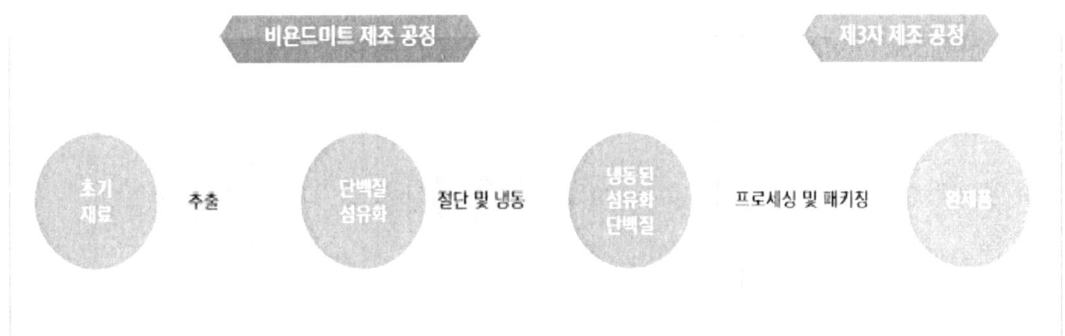

[그림 49] 비욘드미트 제조 공정

비욘드미트의 강점은 크게 제품 경쟁력과 시장 초기 진입자 우위로 요약할 수 있다.

① 제품 경쟁력

비욘드미트의 대체육은 '맛', '질감', '영양' 측면에서 전통적 사업자, 그리고 현재의 경쟁사 대비 우위를 보이며 일반 고기와의 격차를 상당히 줄였다는 평가를 받고 있다. 특히 기존에 전통적 사업자들이 냉동 형태로 포장하여 공급하던 방식과 다르게 신선 식품에 공급하는 방식은 식물성 고기 산업에서 혁신적인 변화를 가져왔다.

비욘드미트의 대표 제품이자 100% 식물성 버거인 비욘드버거(Beyond Burger)는 노란 완두콩(yellow pea)이 주성분이며, 카놀라유, 코코넛오일, 녹두, 해바라기씨, 쌀, 비트즙 등을 섞어 만든다. 이때, 맛을 구현하는 데 가장 중요한 요소는 메틸셀룰로오스(식물 단백질을 고기 형태로 형성하는 데 사용), 단백질 원료, 코코넛 오일(구웠을 때 고기 느낌과 육즙 구현)을 이용하여 구현한다. 이러한 식물성 기반의 대체육은 일반 고기 패티와 비교하였을 때 열량과 단백질 함량에서 우위를 점하며 포화지방은 적고, 콜레스테롤은 없다는 영양적 측면의 장점을 보유하고 있다.

특히, 경쟁업체와의 차별 요인 역시 존재한다. 바로 비욘드미트의 제품은 무항생제, 호르몬프리, non-GMO, 글루텐프리라는 점이다. 직접 경쟁사인 '임파서블푸드'는 주성분이 대두(soy)이며 글루텐이 함유되어있고, 고기 맛을 내기 위하여 육류에 있는 미오글로빈과 유사한 구조를 가진 콩에 함유된 레그헤모글로빈을 핵심적으로 사용한다. 이 과정에서 유전자조작, 즉 GMO 가능성을 배제할 수 없다.

② 시장 초기 진입자 우위

비욘드미트는 제품 경쟁력을 바탕으로 향후 대체육 시장에서 first mover로서 이점을 가져갈 수 있을 것이다. 비욘드미트는 2009년 설립 이후 미국 대체육 시장(리테일 기준)에서 2013년 0.1% 점유율에 불과했으나, 2019년 기준 14.5%까지 빠르게 점유율 확대를 이어가고 있다.

비욘드미트의 약점은 낮은 진입장벽, 사회적 가치 추구 기업의 휘발성, 가격 경쟁력으로 요약할 수 있다.

① 낮은 진입 장벽
최근 대체육 시장의 고성장에 따른 글로벌 식음료 기업의 적극적인 진출이 지속되고 있다. 개별 기업의 기술력이나 맛을 구현하는 능력은 차별화 요인이겠으나, 일단 식물성 단백질로 고기를 만들어 낸다는 생산의 측면에서 진입 장벽은 낮은 편이다.

이러한 상황에서 소비자의 선택을 받기 위해서는 진짜 고기 같은 느낌, 영양학적으로도 안정적인 제품 경쟁력, 소비자에게 각인되는 브랜딩이 요구된다. 따라서 비욘드미트는 자신들의 'Go Beyond'라는 브랜딩에 대한 경쟁력을 높이기 위한 제품 리뉴얼 및 마케팅에 초점을 두고 있는 상황이다.

② 사회적 가치 추구 기업의 성장 영속성에 대한 고민
대체육 소비자는 기본적으로 환경, 동물 복지, 웰니스 등 사회적 가치 기반의 소비 성향이 높다. 사회적 가치는 당대 사회상을 반영하는 경우가 많고, 추구하는 가치가 휘발성이 강하며 소수의 소비자에게만 가치가 설득되는 경향이 있다. 채식 문화가 과거 오랜 기간 동안 존재했으나 의미 있게 성장하지 못한 이유 중 하나도 이 때문이다.

다만, 앞서 언급한 것처럼 소비 세대의 교체, 그리고 대체육 맛을 구현하는 기술의 발달 등이 혼합되어 현재 대체육 시장에는 기회요인으로 작용될 것이라는 판단이다.

③ 가격 경쟁력
가격 경쟁력은 앞으로 대체육이 소비자 스펙트럼을 확실히 넓힐 수 있느냐 없느냐의 열쇠가 될 것이다. 매출 확대, 이익성 확보는 기업 존속을 지속 할 수 있는 동력이기 때문이다. 현재 비욘드미트는 최소 2024년까지 일반 고기와 가격 경쟁력을 맞추는 것을 목표로 하고 있는 상황이다.

고기 가격 변동이 없다고 단순하게 가정하고, 현재 파운드 당 일반 고기 대비 30% 가량 비싼 비욘드미트의 리테일 가격을 낮추기 위해서는 두 가지 방법이 존재한다. 첫 번째는 유통사, 브로커의 마진을 일부 협상하여 소폭 낮추는 것이고(현재 50% 수준), 두 번째는 매출 원가를 절감하는 것이다. 소비자 수요 확대 과정에서 현재 일반 육류 업체보다 높은 유통사 마진이 중장기적으로 추가 협상될 가능성 존재하고, 매출 원가 측면에서는 대량 생산을 통한 규모의 경제 효과와 이익률이 높은 냉장 대체육 판매 비중을 높이는 방법으로 대응이 가능할 전망이다.

비욘드미트는 최근 비욘드버거, 비욘드 소시지와 같은 핵심 제품 이외에 전략적으로 라인업 확대를 추구하고 있다. 2019년 Beyond Beef, Beyond Breakfast Sausage, Beyond Fried Chicken, Beyond Meatball 4가지 신제품을 출시했으며, 향후에도 고객사 및 소비자의 선호 다양화에 맞춰 제품 파이프라인을 구축하고 개발할 것으로 전망된다.

현재 소고기, 돼지고기 대체육에 국한된 제품 라인업에서 확장하여 Beyond Hotdog, Beyond Ham, Beyond Tuna, Beyond Crab 등 다양한 단백질 공급원의 대체제가 제품화될 것으로 기대된다.

[그림 50] 2019년 이후 신제품

2) Impossible Food[44][45]

IMPOSSIBLE™

[그림 51] Impossible Food

Impossible Food(이하 '임파서블 푸드')는 스탠퍼드대학교 생화학과 교수 패트릭 브라운이 2011년에 설립한 대체 육류 회사로 설립 당시 2035년까지 일반 고기를 식물성 고기로 완전 대체한다는 목표를 발표하며 큰 주목을 받았다. 주요 투자자로는 구글벤쳐스, UBS, 호라이즌 밴쳐스, 테마섹홀딩스, 빌 게이츠, 제프 베조스가 있으며 비욘드미트 상장 후 최근 장외에서 3억달러 자금 유치에 성공하면서 기업가치는 20억달러로 평가받고 있다.

임파서블 푸드는 2011년 설립돼 2016년 7월 식물성 고기 패티를 사용한 햄버거 Impossible Burger(패티)를 선보였다. 경영진은 육류를 사용한 버거보다 토양 사용량을 95%, 온실가스 배출량을 87%, 물 소비량을 87% 감소시켰다고 발표했다. 뿐만 아니라 육류 버거보다 단백질 함량이 높고 콜레스테롤과 트랜스지방이 0%로 건강하다.

[그림 52] 임파서블 버거

임파서블 푸드는 식물성 고기 패티를 제조 및 판매한다는 점에서 비욘드미트와 흡사하지만 생산 방식과 사업 전략은 확연히 다르다. 우선 임파서블 버거는 결정적으로 헴(Heme)을 사용한다. 헴은 진한 붉은색 액체로 혈액의 헤모글로빈(hemoglobin)의 색소를 구성하는 물질이다. 사람과 동물의 혈액이 붉은 이유는 결국 헴 때문이며 고기맛을 결정하는 큰 역할을 담당한다.

---

44) [밥상 위 혁명 푸드테크②] 대체육 바람~ 임파서블 푸드.비욘드미트는 어떻게 성공했나, 푸드투데이, 2020.05.28
45) 한투의아침, 한국투자증권, 2019.05.28

임파서블푸드 창업자 브라운은 식물에도 이러한 헴이 존재한다는 것을 발견했다. 콩의 경우 뿌리 부분에 레그헤모글로빈(leghemoglobin)이란 헴이 포함된 단백질이 존재한다. 처음에는 콩 뿌리에서 레그헤모글로빈을 추출하는 방법을 시도했으나 비용 부담이 컸으며 이산화탄소가 방출되는 문제가 발생했다. 이러한 이유로 임파서블푸드는 대신 콩이 보유한 레그헤모글로빈 유전자를 효모에 주입하여 배양하는 기술을 사용하여 헴을 대량 생산하는데 성공했다. 다만 이는 일종의 유전자변형생물(GMO)로 출시 당시 FDA는 먹을 수는 있지만 안전할 수는 없다는 소견을 발표하며 크게 논란됐다. 그러나 2018년 7월 FDA는 임파서블 버거가 인체에 무해하다고 최종 판정했다.

헴을 통해 육류의 맛과 색상을 재현하는데 성공하면서 임파서블푸드는 2017년 3월 캘리포니아 오클랜드에 임파서블 버거를 대량 생산할 공장을 처음으로 설립했다. 이후 뉴욕에 위치한 수제버거 체인 Bareburger, 캘리포니아에 위치한 버거체인 Umami Burger등 일부 버거 체인을 통해 판매를 시작했다. 그해 7월 구글은 3억달러를 제시하며 기업인수를 시도했으나 실패했다. 2018년 4월 임파서블푸드는 미국 내 380여개 패스트푸드 체인을 보유한 White Castle과 파트너십을 체결하면서 제품 판매 지역을 크게 확대했다.

2019년 1월 7일 임파서블푸드는 라스베가스에서 개최된 CES에서 Impossible Burger 2.0을 공개했다. 식감 향상, 맛 개선. 글루텐프리(gluten-free)를 위해 주 재료를 밀 단백질에서 콩 단백질로 교체했으며 기존 첨가 재료 일부를 조절하면서 나트륨 및 포화지방 함량은 전보다 30%, 40% 감소했다. 뿐만 아니라 생산비용도 크게 낮췄으며 구워도 부서지지 않을 정도로 내구성도 크게 개선했다.

버거킹은 임파서블푸드의 식물성 고기 패티를 활용한 임파서블 와퍼(Impossible Whopper)를 출시하여 세인트루이스에 위치한 59개 매장에서 판매하기 시작했다. 일반 와퍼보다 1달러 비싼 5.49달러에 판매됨에도 불구하고 제품판매가 대대적으로 성공을 거뒀다. 그리고 미국 피자 체인 Little Caesars는 임파서블푸드와의 파트너십 체결을 발표했다. 그리고 뉴멕시코, 플로리다, 워싱턴주에 위치한 58개 매장에서 12달러에 임파서블푸드의 식물성 소시지를 토핑으로 만든 Impossible Supreme Pizza 판매를 시작했다. 해당 소시지는 헴을 사용함으로써 생산방식은 기존 식물성 패티 생산방식과 유사하다. 다만 탄력성을 더욱 높이기 위해 감자단백질을 제외했다. 이렇게 생산된 식물성 소시지는 콜레스테롤이 0%며 기존 소시지 대비 칼로리 함량은 20% 낮고 포화지방량도 8분의 1 수준이다.

또한 홍콩, 마카오 등 아시아 시장에도 진출해 2018년 11월 기준 100개 매장에서 판매되고 있다. 2019년 4월부터 체인점 버거킹에 진출해 버거킹에 공급하는 임파서블 와퍼의 가격은 일반 와퍼보다 1달러 더 높은 12달러(약 1만 3000원)이다. 임파서블 푸드는 아시아 시장 진출을 위해 마파두부용 고기요리, 상추 쌈, 중국식 만두에 이용 가능한 제품을 개발하고 있다. 아시아는 전 세계 육류 수요의 44%를 차지하고 있으며 소비 증가율이 타 대륙보다 빠르기 때문이다.

3) BlueNalu[46)]

[그림 53] BlueNalu

BlueNalu(이하 '블루날루')는 2018년 캘리포니아 샌디에이고에 설립된 세포배양 해산물 제조 기업으로, 수년 안에 세포배양 해산물을 대량 생산, 상용화 하는 것을 목표로 하고 있다. 블루날루는 세포배양 방식으로 생선을 만드는 기술을 보유하고 있다.

블루날루는의 배양 생선살 제조과정을 살펴보면, 먼저 부시리의 근육 조직에서 줄기세포를 채취한 후, 이를 효소 단백질로 처리한 다음 각종 영양물질이 들어 있는 배양액에 넣고 키운다. 이후 세포 수가 늘어나면 원심분리기에 넣고 돌려 세포만 따로 뽑아낸다. 농축 세포를 다시 영양물질이 들어 있는 바이오 잉크와 섞어 3D 프린터에 넣은 후, 마지막으로 요리사가 원하는 모양대로 3D 프린터가 생선살을 찍어낸다.

[그림 54] 블루날루의 배양 생선살 제조 과정

---

46) [IF] 배양육만 있나? 배양생선도 있지!, 조선일보, 2020.06.04

블루날루는 부시리가 다양한 요리에 활용되는 점에서 부시리를 첫 번째 배양 대상으로 선택했다. 블루날루는 2019년 12월 투자자들을 모아놓고 배양생선 요리 시식 행사를 진행했다. 본 행사에서 블루날루의 음식을 맛 본 참가자들은 일반 생선과 차이가 없다고 입을 모아 말했다.

[그림 55] 블루날루의 배양 부시리 살을 곁들인 요리

블루날루는 2020년 풀무원을 비롯해 시리즈 A라운드를 통해 2000만 달러 투자를 받았고, 지난 2018년 초에는 시드라운드(Seed Round) 통해 450만 달러를 투자 받았다. 블루날루는 이번 투자를 기반으로 약 3716㎡ 규모의 파일럿 생산 시설을 열고, 첫 번째 제품에 대한 미국 식품의약국(FDA) 규제 검토를 완료한다. 또 미국 전역의 다양한 식품 서비스 기관에서 시장 테스트를 시작할 예정이다.

블루날루는 2020년 미국 샌디에이고에 연면적 3만8000㎡(1만1495평)에 달하는 생산라인을 비롯해 R&D센터, 사무시설 등 대규모 시설을 건설하기로 했다. 블루날루는 새로운 시설 구축과 직원 확충을 통해 2021년 하반기 상업용 제품 출시를 목표로 하고 있다.[47]

---

47) '풀무원 베팅' 美 스타트업 블루날루, 6000만 달러 투자 유치, The GURU, 2021.01.21

4) Ynsect[48]

[그림 56] Ynsect

Ynsect는 천연 곤충 단백질 및 비료 생산 분야의 세계적 선도기업으로 2011년 파리에서 설립되었다. Ynsect는 곤충을 반려동물, 물고기, 식물 및 사람을 위한 고급 성분으로 변신시킨다. Ynsect는 최첨단 농장에서 전 세계적으로 약 300건의 특허로 보호받는 독자적이고 선구적인 기술을 이용해 수직 농장 형태로 몰리터 밀웜과 버펄로 밀웜을 생산하고 있다.

갈색거저리를 수직으로 쌓아올린 'Farm Hill'에서 사육하여 생산된 갈색거저리 유충은 Casting과정을 거쳐 일부는 농작물을 위한 비료가 되고 일부는 생산을 위해 사용되며 나머지는 일련의 과정을 거쳐 단백질, 오일, 키토산으로 분류된다. [49]

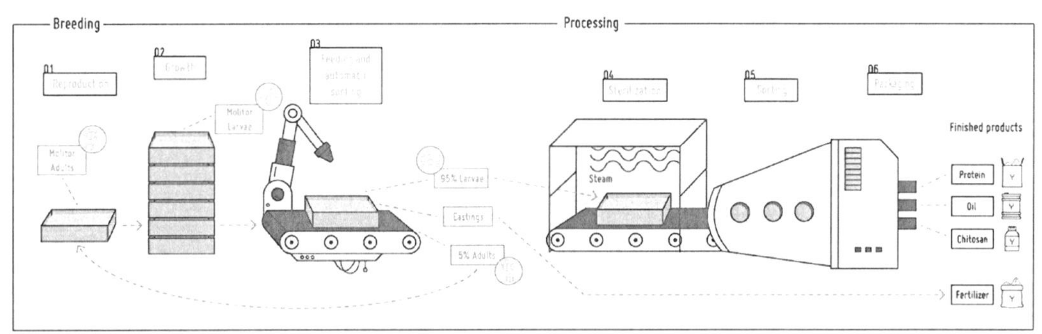

[그림 57] Ynsect의 식용곤충 생산과정

최근 Ynsect는 인간 식품용 밀웜(갈색거저리 유충) 성분 분야의 글로벌 선도기업인 Protifarm을 인수했다. Ynsect는 증가하는 단백질 소비에 대해 건강하고 지속가능한 솔루션을 제공하고자 장기적인 전략을 시행하고 있다. 유럽식품안전청(European Food Safety Authority)이 밀웜 섭취가 인체에 무해하다는 판단을 내린 후, Ynsect는 식용 곤충 성분에서 추출한 식품 시장으로 확장을 도모하고 있다.

---

48) [PRNewswire] Ynsect, 네덜란드 농업기술 기업 Protifarm 인수로 국제적 확장 도모, 연합뉴스, 2021.04.13
49) Ynsect.com

Ynsect는 프랑스 시설 외에, 암스테르담에서 동쪽으로 한 시간 거리에 있는 에르멜로 기반의 네덜란드 생산시설 Protifarm의 통합으로 국제적인 확장을 단행하고 있다. Ynsect는 이를 통해 세계 최대의 곤충 식품 및 사료 업체라는 회사의 입지를 강화하고 있다.

Ynsect와 Protifarm은 밀웜에 대한 과학과 기술에 접근하는 방식부터 품질과 운영 우수성에 이르기까지 이미 여러 가지 공통점이 있다. Protifarm은 곤충 배양 부문에서 약 40년 동안 경험을 쌓았으며, 10개 부문에서 37건의 특허를 보유하고 있다. 이로써 Ynsect가 보유하는 총특허 수는 거의 300건에 달한다.

독일, 네덜란드, 잉글랜드, 덴마크 및 벨기에서 안정적인 식품 고객을 보유한 Protifarm의 Novel Food 애플리케이션은 Ynsect와 마찬가지로 조만간 EU 승인을 받을 전망이다. Protifarm의 버펄로 밀웜(Buffalo mealworm)과 Ynsect의 몰리터 밀웜(Molitor mealworm)이 상호 보완적으로 수요를 충족하면서 호환성 식품과 사료 성분 플랫폼을 제공하는 한편, 두 가지 유형의 밀웜에서 발생하는 서로 다른 고급 용도에 대한 수요도 충족할 수 있게 됐다.

또한, Ynsect는 최근 추가 자금조달을 통해 총 자금조달 규모 4억2천500만 달러를 달성했다. 이는세계 곤충 단백질 부문에서 지금까지 조달한 자금의 합계액보다 많은 금액이다. 새로 조달된 자금은 Astanor Ventures (시리즈 C 주요 투자자), LA 기반 Upfront Ventures, 로버트 다우니 주니어의 FootPrint Coalition, Happiness Capital, Supernova Invest 및 Armat Group에서 투자되었다.

Ynsect는 조달된 자금을 바탕으로 세계 최대의 곤충 농장(현재 프랑스 파리 북부에서 건설 중인 탄소 네거티브 프로젝트)을 완공하고, 자사의 제품 라인을 확대하며, 북미로 확장할 계획이다.[50]

---

50) [PRNewswire] Ynsect, 시리즈 C 자금조달 라운드로 3억7천200만 달러 유치, 연합뉴스, 2020.10.09

5) Memphis Meats[51]

[그림 58] Memphis Meats

Memphis Meats(이하 '멤피스 미트')는 세 명의 과학자가 설립한 스타트업으로 배양육을 생산한다. 멤피스 미트는 2016년 쇠고기 배양육으로 만든 미트볼을 공개했으며, 5년 이내에 배양육을 상용화하는 것을 목표로 했다.

멤피스 미트의 강점은 사람들이 좋아하는 제품을 다른 방식으로 만든다는 것이다. 재생이 가장 잘 되고, 맛과 영양 등 면에서 뛰어난 세포를 채취해 동물의 몸안에서 키우는 것이 아니라 컬티베이터라는 기계 안에서 세포에 영양분을 공급하며 배양한다. 맥주 공장에서 사용하는 기계와 같다고 보면 된다. 아미노산이나 당분 등 여러 영양성분을 세포에 바로 주입해서 일정 크기로 자라나면 이것을 고기로 이용한다.

멤피스 미트는 2016년 초반에 미트볼을 처음 만들었으며, 그것이 월스트리트 저널에 보도되면서 세계에 회사를 알리게 되었다. 이후 그로부터 1년 정도 지난 후 세포를 기반을 한 가금육을 발표했다. 이는 가금을 이용하지 않고 가금육을 만드는 것으로, 이를 이용하여 남부의 후라이드 치킨을 만들었다. 이 후라이드 치킨은 예상대로 미국에서 인기가 매우 높았고, 그 여세를 몰아 멤피스 미트는 가금육을 오리고기까지 확장했다. 오리고기는 현재 미국보다 해외에서 더 많이 소비되고 있다.

[그림 59] 멤피스 미트의 미트볼

51) [FI창간1주년특집Ⅱ-미래식량: 배양육]② 멤피스 미트(Memphis Meats)-세포 기반 배양육 만들어 2016년 미트볼 첫 선, 푸드아이콘, 2018.12.04

6) Mosa Meat[52][53]

[그림 60] Mosa Meat

 30년간 배양육을 연구한 마크 포스트 교수는 배양육의 아버지로 불리고 있으며 배양육 개발
의 권위자다. 마크 포스트 교수와 연구팀은 상업적으로 판매 가능한 배양육 패티를 시장에 내
놓기 위해 Mosa Meat(이하 '모사미트')라는 회사를 설립하고 연구를 계속하고 있다.

 모사미트는 2013년 세계 최초로 세포배양육 개발에 성공한 네덜란드 기업으로 가축에서 추
출한 줄기세포를 소 태아 혈청으로 증식해 햄버거 패티 형태의 고기로 배양하는 기술을 보유
하고 있다. 실제 고기보다 토지 사용은 99%, 물 사용은 96% 감소시킬 수 있어 환경 오염과
자원 낭비가 거의 없다는 게 모사미트 측 설명이다.

 개발 단계에서 세포배양육 버거 패티는 한 장에 25만유로(약 3억2300만원)에 달했지만 모사
미트 측은 기술 혁신과 대량생산이 가능해지면 9유로(약 1만1600원)대에 판매가 가능해질 것
으로 내다본다. 2030년 이후엔 개당 1유로(1293원)에 판매한다는 계획이다.

[그림 61] 모사미트 배양육

---

52) 대체 단백질, 배양육 소재의 최신 연구 동향, 최정석, 식품산업과 영양 24(2), 15~20, 2019
53) 고기없는 육식시대…3~4년 내 '실험실 고기 버거' 팔린다, 매일경제, 2020.05.18

나. 국내 기업
1) 동원F&B[54]

[그림 62] 동원 F&B

동원 F&B는 1981년 동원산업 내 동원식품으로 시작했다. 1982년 '동원참치'를 출시하고 1989년 동원산업이 상장하면서 2000년 동원산업에서 분리되어 동원산업의 주요 자회사로 자리매김했다. 동원 F&B는 조미식품 제조업체인 동원홈푸드와 배합사료 전문업체인 동원팜스를 소유하고 있다.

동원 F&B는 이미 해외에서 상품성이 입증된 제품을 단독 수입하는 방식으로 국내 대체육 시장을 공략하고 있다. 동원 F&B는 2018년 12월 미국의 비욘드미트와 독점 공급 계약을 맺은 뒤, 2019년 3월부터 비욘드 버거 패티를 수입하고 있다. 현재 동원몰, 마켓컬리 등 온라인몰과 이태원 비건 레스토랑 몽크스부처, 하얏트 호텔 등 오프라인 매장에 납품하고 있다. 수입 후 3개월 여 기간 동안 기록한 판매량은 2만 4,000개에 달한다.[55]

2020년 4월부터 제품 라인업을 늘려 상품성이 높은 '비욘드 비프'와 '비욘드 소시지'를 출시했다. 비욘드 비프는 잘게 간 식물성 쇠고기로 버거 패티 대비 사용도가 높다. 특히 비욘드 소시지의 경우 국내 소시지 소비가 증가하고 있으며 건강과 환경에 관심이 많은 밀레니얼 세대에게 크게 어필할 수 있을 것으로 기대된다.

[그림 63] 비욘드비프와 비욘드소시지

---

54) 대체육 코로나19로 소비자 접점 확대는 성장 기회, 교보증권, 2020.05.13
55) [변화를 주목하라] 부상하는 글로벌 '대체육' 시장…한국은?, 이코노믹리뷰, 2019.06.27

2021년 동원 F&B는 프리미엄 디저트 카페 '투썸플레이스'와 손잡고 식물성 대체육 샌드위치 '비욘드미트 파니니' 2종(비욘드미트 더블 머쉬룸 파니니, 비욘드미트 커리 파니니)을 선보인다고 발표했다. '비욘드미트 파니니' 2종은 동원F&B가 2019년부터 미국에서 수입해 국내에 독점 판매하는 식물성 대체육 브랜드 '비욘드미트(Beyond Meat)'의 '비욘드비프' 제품을 넣은 샌드위치다.[56)

[그림 64] 비욘드미트 파니니

최근 동원 F&B는 식물성 대체식품 '마이플랜트'를 개설하고 비건(채식) 참치와 만두 7개 제품을 선보였다. 이번에 출시한 식물성 참치와 만두 제품 모두 100% 식물성 원료로 만들어 콜레스테롤 함량이 0%다. 식물성 참치인 '동원참치 마이플랜트 오리지널'의 경우 참치 특유의 결은 살리면서 식이섬유 함량은 높이고 칼로리는 기존 살코기 참치 제품 대비 최대 31%로 낮췄다고 동원F&B는 설명했다.

	2018년 12월	2019년 12월	2020년 12월	2021년 12월	2022년 12월
매출액 (십억원)	2,803	3,030	3,170	3,490	4,023
영업이익 (십억원)	87	101	116	130	128
OP 마진(%)	3.1	3.3	3.7	3.2	3.3
순이익 (십억원)	57	66	78	69	91
EPS (억원)	14,699	17,015	20,194	18,009	23,534
PER(배)	19.56	13.28	8.86	10,80	6,67
PCR(배)	42.45	6.50	4.42	3.4	3.4
PBR(배)	1.75	1.28	0.92	0,94	0.69
EV/EBITDA(배)	11.65	8.58	6.66	0,00	7,36
ROE(%)	9.26	10.00	10.91	8.99	10.80

[표 56] 동원 F&B 재무분석

---

56) 동원F&B · 투썸플레이스, 식물성 대체육 샌드위치 2종 선봬, 이투데이, 2021.02.24

2) 롯데푸드[57]

롯데푸드는 1977년 롯데그룹이 인수한 후, 2013년 4월 1일부로 '주식회사 롯데삼강'에서 '롯데푸드 주식회사'로 상호를 변경했고, 2023년 올해 56년간 유지했던 사명을 '롯데웰푸드(Lotte Wellfood)'로 변경했다. 수익성 좋은(Well) 식품(Food) 영역으로 사업을 확장하겠다는 목표다.

롯데웰푸드(당시 롯데푸드)는 2019년 4월 국내 최초로 자체 개발·생산한 식물성 대체육 브랜드 '제로미트'를 론칭했다. 2019년 제로미트로 매출 50억원을 달성하고 먼저 출시한 너겟과 커틀릿 외 스테이크, 햄, 소시지 등으로 제품군을 확대할 계획이었다.
 하지만 기대와 다르게 제로미트는 출시 이후 1년동안 누적 판매량 6만개를 기록하며 목표 매출에 도달하지 못했다. 2020년 제로미트 함박스테이크를 출시한 후 추가적인 신제품 출시도 없었다. 현재 제로미트의 누적 판매량은 약 25만개다.[58]

롯데웰푸드는 2022년 7월 롯데푸드를 합병해 간편식, 육가공, 유가공 등 다양한 사업을 영위할 수 있는 역량을 확보했다. 2022년 1월엔 헬스앤웰니스(health&wellness) 부문을 신설했다. 롯데그룹이 헬스앤웰니스를 '4대 미래 성장동력' 중 1개로 설정·육성함에 따라 롯데웰푸드의 대체식품 사업엔 힘이 실릴 예정이다.

롯데웰푸드가 사업보고서를 통해 새 성장 동력으로 삼은 것은 무엇보다 '건강식'이다. 고부가가치 시장이자, 가파른 성장세를 보이는 건강식 사업으로 수익성을 끌어올린다는 전략이다. 시장에서 제로(Zero·무가당) 트렌드와 케어푸드, 비건푸드, 고단백 식품 등이 인기를 끄는 만큼 이 부분에서 경쟁력을 확보하겠다는 목표다.

롯데웰푸드는 신사업으로 '대체육'을 낙점했다. 지난해 12월엔 비건푸드 브랜드로 '비스트로(Vistro)'란 이름의 상표권을 출원했다. 롯데웰푸드는 2019년 국내 최초로 식물성 대체육 브랜드 '제로미트'를 론칭했으나, 대체육 수요가 제대로 형성되지 않아 목표 매출에 도달하지 못했다. 이제는 상황이 다르다. 2019년 82억원 규모에 불과하던 대체육 시장은 코로나19를 기점으로 가치소비 인식이 확산하며 2022년 212억원으로 확대됐다. '비스트로'와 '제로미트'의 지정상품은 거의 동일하다. 신규 브랜드 출시로 시장에서 재도약을 노린다는 전략이다.

우선 식물성 대체식품 제품군을 햄, 소시지, B2B 전용 패티 등으로 다양하게 확장할 계획이

---

57) 사명 바꾼 롯데푸드, 뉴스웨이, 2023.04.07
58) 롯데웰푸드, 새 브랜드 '비건푸드' 재도약 발판될까, the bell, 2023.04.05

다. 롯데웰푸드의 제품은 대부분 그룹 식품사 R&D를 담당하는 롯데중앙연구소와 협업을 통해 만들어진다. 올해 초 조직 개편을 통해 롯데중앙연구소에 헬스앤웰니스 부문이 신설되면서 신제품 개발에도 속도가 붙을 전망이다.

이를 위한 그룹 차원의 지원도 예정되어 있다. 지난해 롯데그룹은 식품 사업군에 총 2조1000억원을 투자해 신제품 개발과 관련 사업을 위한 생산 설비확보 등을 추진하겠다고 밝혔다. 롯데웰푸드에 투입될 금액은 공개되지 않았지만 미래 식품 개발과 글로벌 시장 확대 등에 사용될 전망이다.[59]

 롯데웰푸드는 해외 진출도 본격화한다. 올해 인사에선 '해외통'으로 알려진 이창엽 LG생활건강 부사장을 영입, 롯데제과(사명 변경 전) 대표로 앉혔다. '롯데맨'이 아닌 외부 인사가 대표가 된 것은 사상 처음 있는 일이다. 그만큼 변화가 절실했던 것으로 풀이된다. 롯데웰푸드는 지난해 4분기 기준 해외 매출 비중이 22.1%로 오리온(70%)이나 CJ제일제당(49.6%) 등 경쟁사에 비해 한참 낮았다.

해외 사업 비중을 50%까지 확대한다는 방침이다. 지난 1월엔 인도 자회사 '하브모어'에 700억 투자를 집행하는 등 '글로벌' 종합식품기업으로 도약을 준비하고 있다. 인도에 생산공장을 완공하면 롯데웰푸드의 빙과류를 인도 전역에 공급할 수 있다.

60)	2018년 12월	2019년 12월	2020년 12월	2021년 12월	2022년 12월
매출액 (십억원)	1,811	1,788	1,719	16,078	16,619
영업이익 (십억원)	68	49	44	38	-
OP 마진(%)	3.8	4.6	5.4	5.1	3.5
순이익 (십억원)	43	38	70	-10	36
EPS (억원)	37,584	33,238	62,047	-894	31,810
PER(배)	18.86	12.43	5.34	N/A	9.78
PBR(배)	0.95	0.53	0.42	0.45	0.35
EV/EBITDA(배)	8.39	6.53	5.12	6.18	3.43
ROE(%)	6.31	5.41	4.53	-0.14	4.53

[표 57] 롯데푸드 재무분석

---

59) 롯데웰푸드, 새 브랜드 '비건푸드' 재도약 발판될까, the bell, 2023.04.05
60) 네이버 증권

3) 셀미트

[그림 66] 셀미트

셀미트는 줄기세포를 이용하여 배양육 (Cultured meat 또는 Lab-grown meat)을 생산하기 위한 기술을 개발하는 회사로 전남대학교 이경본 교수 연구실에 R&D 센터를 두고 있다. 2019년 3월 창업한 셀미트는 초기투자를 유치한 이후 국내에서 배양육 기술개발에 노력하고 있고, 2019년 12월에 팁스(TIPS)[61]에도 선정된 바 있다.[62]

2020년 셀미트는 미국계 벤처캐피털 등으로부터 4억여원의 투자를 유치했다. 셀미트는 미국계 벤처캐피털 스트롱벤처스와 국내 스타트업 액셀러레이터인 프라이머, 프라이머 사제 파트너스 등 3곳으로부터 투자를 받아 살아있는 소나 돼지의 줄기세포를 이용해 배양육 생산기술 개발에 착수했다.[63]

2021년 들어 셀미트는 50억원 규모의 프리 시리즈 A 투자를 유치했다. 나우아이비캐피탈이 리드한 이번 투자에는 BNK 벤처투자, 디티앤인베스트먼트, 유경PSG 자산운용, 전남대학교 기술지주, 연세대학교 기술지주, 그리고 미국의 놀우드 인베스트먼트 어드바이저가 참여하였고, 기존투자사인 스트롱벤처스, 프라이머사제, 프라이머도 다시 동참했다.

또한 올 2023년, 세포배양 독도새우를 선보였던 배양육 스타트업 셀미트는 174억원의 투자금을 확보하고 시리즈 A를 마감했다.

셀미트 관계자는 "배양육 산업에서 핵심이라 불리는 비동물성 무혈청 세포배양액을 자체 개발했고 상품의 경제성을 갖추기 위해 필수적인 대량세포배양 기술을 갖췄다"고 했다. 이를 기반으로 셀미트는 배양세포 식품을 대량 생산, 상품으로 출시할 수 있도록 준비하고 있다. 대량 생산을 위한 경기 구리 소재 셀미트의 지식산업센터는 현재 구축 중으로, 6월 중 문을 열 예정이다.[64]

---

61) 중소벤처기업부에서 지원하는 민간투자주도형 기술창업지원 프로그램
62) 줄기세포 배양육 '셀미트', 프라이머 등에서 투자유치.. "비켜!! 식물성 대체육", wowtale, 2020.01.10
63) 셀미트, 4억여원 투자 유치... 배양육 생산기술 개발 착수, 전자신문, 2020.01.10
64) 독도새우 배양육 만든 셀미트, 투자금 총 174억원 확보, 헤럴드경제, 2023.05.24

셀미트는 2021년 말 독도새우 시제품을 선보인 이후 최근 전통적인 캐비아의 대안인 세포 기반 캐비아의 시제품을 개발하는데 성공했다.

[그림 67] 셀미트의 캐비어 프로토타입

관련업계에 따르면 셀미트의 재배 프로토타입은 고급 식품의 가장 인기있는 품종 중 하나인 오세트라(Osetra) 캐비어를 기반으로 한다. 완제품은 다양한 모양과 크기로 제공돼 기존 캐비어보다 '비린내가 덜 나는' 풍미와 더 나은 질감을 제공한다.

셀미트는 세포 기반 캐비아가 맛이나 질감을 손상시키지 않으면서 전통적인 캐비아에 대한 보다 윤리적이고 지속 가능한 대안을 제공한다고 강조했다. 오염과 남획으로 위협받는 해양 환경에도 유익하다.

셀미트 관계자는 "우리의 기술이 세포 기반 캐비어의 대량 생산을 가능하게 해 전통적인 캐비어 생산이 환경에 미치는 영향을 줄이는 데 도움이 될 수 있다"고 말했다. 65)

셀미트는 배양육 생산을 위해서 필수적인 세포배양기술, 경제적인 세포배양액 개발을 위한 원천기술을 갖고 있고, 공학적 기술을 이용해서 부위별 고기 고유의 물리적 질감을 구현할 수 있는 기술을 완성도 있게 개발하고 있다.66)

---

65) 셀미트, 독도새우 이어 '캐비아' 배양육도 개발 성공, 뉴스웨이브
66) 배양육 생산기술 개발 회사 '셀미트', 50억원 규모 프리 A 투자 유치, platum, 2021.01.25

4) 다나그린

[그림 68] 다나그린

 2017년 설립 이후 글로벌 배양육 스타트업으로 성장 중인 다나그린은 모든 생명들의 건강한
미래를 위해 의생명공학 연구를 통한 다양한 기술을 개발하고 있다. 다나그린의 생체 내와 비
슷한 환경에서 세포를 배양할 수 있도록 하는 3차원 입체배양 원천기술로 고효율 저비용의 3
차원 세포 조직배양을 할 수 있다. 다나그린은 현재 동물실험을 대체할 수 있는 다기능 인간
화 3차원 세포조직모듈과 근육 및 지방조직 배양을 통한 배양육 개발에 주력하고 있다.

 다나그린의 원천기술을 제품화한 3차원 세포배양 키트 '프로티넷(Protinet)'은 상호 침투가
가능한 다공성 및 생분해성으로 세포 영양액을 완벽히 통과시켜 세포 부착, 성장 및 증식을
위한 완벽한 환경을 제공하는 스펀지 형태의 다공성 네트워크 지지체(Scaffold)다. 다나그린에
의하면 자체 개발한 프로티넷은 약간의 점성, 탄성력, 신축성을 가지고 있으며, 용도에 따라
크기와 두께를 다양하게 제작할 수 있다.

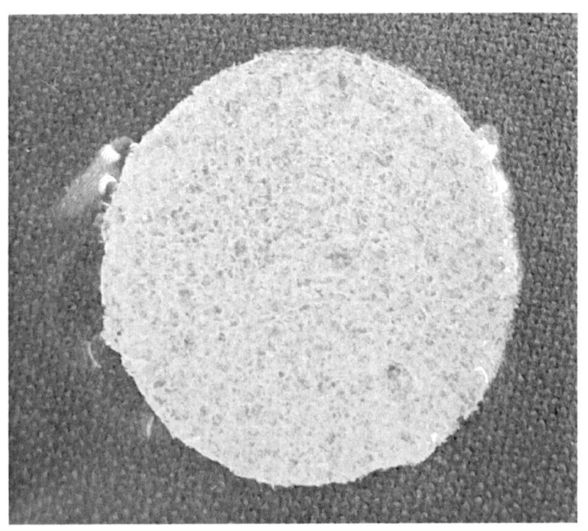

[그림 69] 다나그린 배양육용 지지체

 또한, 프로티넷 안에서 세포는 스스로 조직(tissue)을 형성하며 효율적인 성장과 세포 간 상
호 작용이 이뤄진다. 연구자들이 기존 배양액으로 세포의 3차원 배양이 용이하고 암세포 및
줄기세포 연구, 기본 생명과학 연구, 신약 개발, 배양육 등 많은 분야에 적용할 수 있는 제품
이다. 특히 기존 3차원 세포배양 기술 대비 세포 무게에 의한 압력을 받지 않아 세포에 가해
지는 물리적 손상이 적다. 이러한 요인으로 세포 형태의 변형 및 괴사를 막을 수 있는 것이
다.

또 기존의 배양법보다 세포의 주입이 용이하고 세포배양액 공급이 원활하다. In vivo의 ECM 환경과 가장 유사한 성분과 환경으로 구성되어 있어 저비용-대량생산-대량배양이 가능한 것이 특징이다.

최근 다나그린은 16억 원 규모의 프리 시리즈 A 투자 유치에 성공해 총 누적 투자금 20억 원을 달성했다. 현재 총 5건의 세포배양 관련 특허를 보유하고 있으며, PCT 2건을 포함해 3건의 특허가 출원 중이다. 뿐만 아니라 다나그린은 2018년 TIPS 프로그램에 선정된 데 이어 싱가포르 엑스파라로부터 해외투자를 유치했다. 2019년 바이오헬스케어 창업경진대회(한국바이오협회) 최우수상을 수상했으며 최근 알키미스트 프로젝트(산업통상자원부) 배양육 분야에 협성대학교와 함께 선정되기도 했다.

다나그린은 2020년 3월 내부 배양육 시식회를 유튜브에 공개한 바 있으며, 오는 2023년 배양육 상용화를 목표로 하고 있다.[67)68)]

---

67) [인터뷰] 다나그린 "푸드테크 '배양육' 분야의 마켓리더 될 것", 바이오타임즈, 2020.08.25
68) [푸드테크]다나그린, 배양육으로 글로벌 푸드테크 '게임 체인저' 될까.., 식품외식경영, 2020.05.15

5) 지구인컴퍼니

지구인컴퍼니
ZIKOOIN COMPANY

[그림 70] 지구인 컴퍼니

 2017년 설립된 지구인컴퍼니는 1년 6개월에 걸쳐 현미, 귀리, 견과류로 만든 식물성 고기 '언리미트'를 선보였다. 지구인컴퍼니의 언리미트는 식감이나 질감, 육즙, 맛과 향이 '진짜 고기'와 흡사하다. 철두철미한 '비건'(vegan·채식주의자)보다는 고기를 좋아하는 이들이나 유동적으로 채식을 하는 '플렉시테리언'(flexitarian·flexible과 vegetarian의 합성어)이 이 회사의 타깃이다. 실제로 언리미트 구매자의 60% 이상이 육식주의자라고 한다. 고기를 좋아하는 이들이 식도락을 포기하지 않고도 채식을 할 수 있도록 만드는 게 지구인 컴퍼니의 목표다.[69]

 지구인컴퍼니는 자체 보유하고 있는 특허 기술인 '단백질 성형 압출술'을 사용해 고기의 식감과 질감을 구현하고 폐기처리물도 0%로 시스템화 했다. 이 제품은 현재 한국비건인증원의 비건 제품 인증을 획득한 상태다.[70]

[그림 71] 언리미트

---

69) [라이징 스타트업]'육식주의자'의 식탁을 바꾸는 지구인컴퍼니, 블로터, 2021.04.03
70) 식물성 대체육 '주목'...지구인컴퍼니, '언리미트' 론칭 "글로벌 진출 목표", 위키리스크한국, 2019.10.17

현재 지구인컴퍼니의 언리미트는 미국 뉴욕 슈퍼프레시 마트에 입점이 되어있다. LA에는 60 개 마트에서 언리미트 만두가 판매중이며, 샌프란시스코에서는 플로마라는 이커머스에서 판매 되고 있다. 2021년 7월에는 언리미트 패티가 국내에 정식 출시될 예정이며, 글로벌 프랜차이 즈에서도 런칭할 예정이다.

지구인컴퍼니는 이에 그치지 않고 소고기의 각 부위의 맛을 재현하는 다양한 R&D를 시도하 고 있으며, 향후 슬라이스 햄, 햄버거 패티에 이서 차돌박이 개발을 목표로 하고 있다.[71]

2021년 지구인컴퍼니는 100억원 규모의 시리즈B 투자를 유치했다. IMM인베스트먼트가 리드 한 이번 라운드에는 농협캐피탈, 디티앤인베스트먼트, 패스파인더스에이치가 합류했고, 기존 투자자인 프라이머사제파트너스, 옐로우독, 에이벤처스도 참여했다.

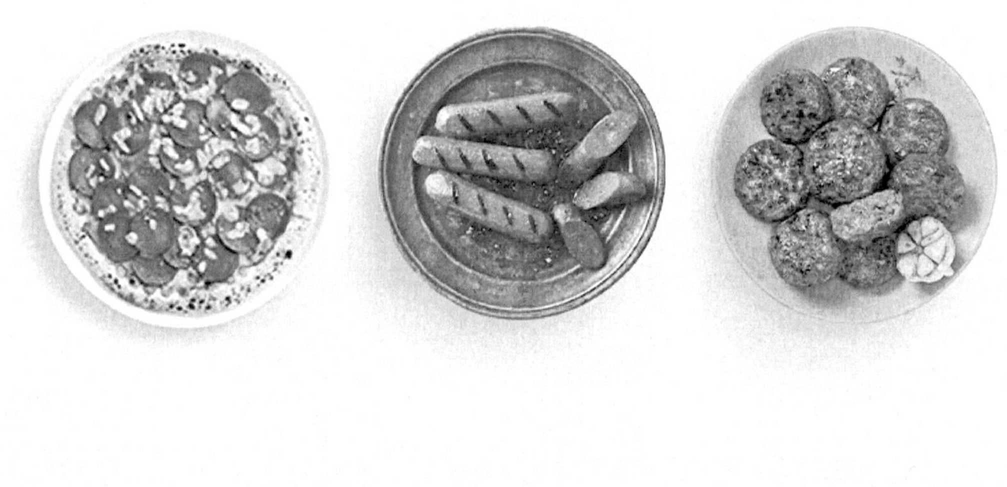

[그림 72] 지구인 컴퍼니의 식물성 페퍼로니, 프랑크소시지, 떡갈비

최근, 지구인컴퍼니는 그간 개발해온 신제품들을 출시했다. 식물성 페퍼로니, 프랑크소시지, 떡갈비, 크림치즈, 식물성계란(난백, 난황) 등 식물성 고기부터 HMR, 유제품까지 소비자의 선 택의 폭을 넓힐 수 있게 되었다.
BBQ나 브런치 메뉴 등에 다양하게 활용할 수 있는 식물성 프랑크소시지는 100g당 20g의 단 백질이 함유되어 있으며, 최근에 한국식 콘도그로 유명한 미국 프랜차이즈 투핸즈(Twon Hads)의 비건 핫도그를 출시해 미국에서도 주목 받고 있다고 밝혔다.
식물성 한입 떡갈비는 전자레인지에 2~3분 돌리거나 프라이팬에 구워서 바로 취식 할 수 있 는 식물성 간편식으로 좀 더 간편하게 식물성 푸드를 즐기고 싶은 소비자를 위해 출시했다고

---

71) [FFTK2020 인터뷰] 민금채 지구인컴퍼니 대표 "비건 시장 지속 확대…'언리미트'로 지구를 건강하게
   ", 메트로신문, 2020.06.29

밝혔다. 대두단백질을 베이스로 개발했으며 양파, 마늘, 대파 등의 채소로 맛을 더하고 단짠단짠한 소스로 감칠맛을 더했다.

그 외 크림치즈, 식물성 계란(난백, 난황) 등의 개발을 마치고 출시를 준비하고 있다. 언리미트의 식물성 달걀은 녹두에서 추출 단백질을 주 원료로 하는 100% 식물성 제품이다. 난백&난황을 기본으로 달걀 요리 특유의 폭신한 질감을 살린 스크램블 에그, 한식 메뉴에 활용하기 좋은 달걀찜과 지단, 샌드위치 속재료로 활용 가능한 에그 샐러드 등 여러 종류의 달걀 대체품을 갖추어 다양한 HMR 제품 출시 및 외식 브랜드와의 협업 가능성을 높였다.[72]

또한 지구인컴퍼니는 세계 최초로 영국 정부의 글로벌 스타트업 유치 프로그램(GEP)에 선정됐다. GEP는 영국 국제통상부가 해외 혁신 스타트업의 현지 및 글로벌 진출을 지원하는 프로그램이다. 선정된 스타트업은 특별 비자 패스, 전문가 멘토링, 투자자와의 교류 기회 제공, 법률 자문 등 현지 정착을 위한 다양한 지원을 받는다.

GEP는 현재까지 1000곳 이상의 전 세계 스타트업을 발굴해 영국 진출을 도왔다. GEP에 선정되기 위해서는 △독자적인 기술 기반의 혁신적인 제품 또는 서비스 △영국에 본사를 둔 비즈니스 확장 계획 △시장에 이미 출시됐거나 출시 준비가 된 제품 △글로벌 시장 진출에 관한 명확한 사업적 비전 등 4가지 조건을 갖춰야 한다.

지구인컴퍼니는 독보적인 혁신성과 기술력을 높이 인정받았다. 한국을 비롯한 아시아, 미국 시장에 진출해 UNLIMEAT 브랜드로 아시아의 식물성 고기 시장 점유율을 확대하고 있다. 구예림 GEP 딜메이커는 "한국에서 선도적으로 대체육 기술력을 확보하고 영국을 거점으로 유럽 시장 확대에 있어 차별화된 경쟁력이 있다고 판단했다"고 밝혔다.

지구인컴퍼니는 GEP 선정과 함께 영국 법인 설립 준비를 진행할 예정이다. 또한 영국 정부의 지원을 받아 사업 영역을 넓혀갈 계획이다.[73]

---

72) 언리미트, 식물성 페퍼로니·프랑크소시지·떡갈비 등 신제품 출시, 한국경제TV, 2023.06.08
73) 지구인컴퍼니, 대체육 분야 최초 英 GEP 선정, 이데일리, 2023.05.23

08

대체식품 정책 동향

8. 대체식품 정책 동향74)

가. 세계 동향

1) 미국

미국은 정부 주도의 여러 프로그램을 통해 농식품의 주요 혁신을 위한 기초 및 응용 연구를 진행하고 있으며, 2019년 배양육에 대한 제도 마련을 합의했다. 미국에서는 국립과학재단(National Science Foundation, NSF), 농무부(U.S. Department of Agriculture, USDA)에서 지원하는 다양한 프로그램을 통해 대체육 관련 연구를 수행할 수 있다. 가장 큰 규모의 지원은 GCR 프로그램(Growing Convergence Research)을 통해 이루어지고 있으며, Laying the Scientific and Engineering Foundation for Sustainable Cultivated Meat Production 과제에 2020년부터 5년간 총 350만달러를 지원한다. 이외에도 전 분야를 대상으로 하는 그랜트 형태의 23개의 프로그램을 통해 지원이 가능하다.

기관	프로그램명	연구분야	금액
NSF	Gen-4 Engineering Research Centers	배양육, 식물성 고기	6백만 달러
	Sustainable Regional Systems Research Networks	배양육, 식물성 고기	3백만 달러
	Sustained Availability of Biological Infrastructure	배양육, 식물성 고기	1.5백만 달러
	Coastlines and People Hubs for Research and Broadening Participation	배양육, 식물성 고기	1백만 달러
	Plant Genome Research Program	식물성 고기	1백만 달러

[표 58] 미국 대체육 지원 가능 정부 R&D 투자 프로그램

미국 농무부(USDA)와 식품의약국(FDA)는 2019년 배양육에 대한 공동 규제 및 감독에 관련한 제도 마련을 합의했다. FDA는 세포의 채취과정, 세포주 및 배양액 성분 등의 안전성 검토, 세포주 은행 및 배양 시설 요건, 생산 기술을 감시하는 방법 마련을 논의하고 있다. USDA는 세포 채취과정 이후 식품으로 생산 및 유통 과정을 담당하기로 하였으며, 연방 육류 검사법(FMIA), 가금제품검사법(PPIA)에 따라 배양육을 감독할 예정이다.

또한 2022년 11월, 미국 식품의약국(Food and Drug Administration, 이하 FDA)는 세계에서 두 번째로 배양육 제품을 허가한다. 시장에 내놓아도 된다는 '완전한 허가'가 아니라, 식품 안전 규제 기관의 입장에서 식품으로 섭취하여도 위험하지 않다는 의견을 낸 것이다. 앞으로 시장에 판매되기 위해서는 미국 농무부(United Stated Department of Agriculture, 이하 USDA)의 허가가 남았다. 참고로 미국에서 배양육을 판매하기 위해서는 다른 나라와 달리 FDA와 USDA 양측의 허가가 필요하다. 75)

---

74) 대체육(代替肉), 기술동향브리프, 2021

2) EU

EU는 2018년에 'Supranational Protein Strategy'를 발표하였으며, 2020년 'Farm to Fork Strategy'를 통해 식물성 단백질 및 육류 대체물을 포함한 대체 단백질의 가용성과 공급원을 확대하는데 초점을 두고 있다.

EU는 Horizon2020(2014~2020) 자금 지원 프로그램을 통해 사용 가능한 자금을 두 배로 늘려 식물성 단백질의 경쟁력 있고 지속 가능한 생산을 유도하고 있다. 특히 Protein2Food 프로젝트를 통해 개인 맞춤영양, 대체단백질, 건강을 위한 가공기술, 식물 영양 증진 등 4개 과제를 지원하고 있다. 또한 Horizon Europe(2021~2027) R&I 지원 프로그램에 사용할 수 있는 농식품 예산을 두 배(38.5억 유로에서 100억 유로로 증가)로 늘리고 EIP-AGRI 프로그램을 통해 경쟁력을 확보했다.

EU는 2020년 "Farm to Fork Strategy'를 통해 지속 가능한 식량 시스템을 위한 방안을 제시하면서, 식물성 단백질 및 육류 대체물을 포함한 대체 단백질의 가용성과 공급원을 확대하는데 초점을 두고 있다. 본 전략을 통해 EU는 식물, 조류, 곤충 등의 대체 단백질 분야의 연구개발을 지원하고 있다.

최근 EU 연구 개발 자금을 지원하는 호라이즌 2020(Horizon 2020)은 배양육 연구 프로젝트에 270만 유로를 출자했다. [76]

3) 일본

일본은 최근 발표하고 있는 정책들을 통해 식품, 농·수산업 발전을 위한 신시장창출 및 경쟁력 강화 방안을 발표하였으며, 식량안보와 소비자의 거부감을 고려하여 대체육 산업의 연착륙을 위한 규제와 제도 개선을 추진하고 있다.

일본은 2020년 7월 발표한 '경제 재정 관리 및 개혁 2020 기본 정책'과 '성장 전략 실행 계획'을 통해 대체 단백질 관련 기술을 포함한 식품 기술 개발을 장려하고 있다. 일본은 최근 코로나-19 등 감염병이 식량안보에 영향을 미침에 따라, 푸드테크 등 신기술을 활용하여 새로운 식량 공급 틀을 구축할 수 있는 국내 기술 기반 확보를 검토하고 있다.

또한, '차기 식료·농업·농촌 정책 기본계획'(2020~2024, 2020년 3월 수립)을 통해 식품 분야 신시장창출 및 경쟁력 강화를 위한 기술 분야를 선정하고 연구개발을 추진하고 있다. 특히 일본은 신규 가치 창출을 위해 식물 단백질을 이용하는 대체육 연구개발 등 푸드테크 기술개발을 산·학·관 협력을 통해 추진하고 있다.

농림수산성(MAFF)은 2020년 4월 100여 개 이상의 식품기업으로 구성된 식품 기술 연구 그

---

75) 배양육 연구 동향:FDA의 최근 행보와 시사점, Bioin
76) 우리나라 기업, 대체육 시장 선도할 수 있을까?, 헬스조선, 2023.06.01

룹을 구성하여 향후 정책 마련에 도움이 될 수 있도록, 기업의 최신 발전 상황과 기업이 직면하고 있는 구조적 과제 등을 논의하고 있다. 이를 통해 농림수산성은 대체육 제품에 대한 규제의 논의, 식품 안전, 품질 및 국제 수출용 표준 개발, 라벨링 및 제품 인증에 대한 지침 제안과 더불어 정부와 협력하여 규정 및 표준 (예 : 대체 육류에 대한 일본 농업 표준(JAS))을 설정했다.

일본의 규칙제정전략센터(Center for Rule-making Strategy, CRS)[77]는 세포농업협회(Japan Association for Cellular Agriculture)를 통해 산·학·정부 간 규제프레임워크를 논의하고 있다.

또한 일본의 경제산업성 산하 NEDO[78](New Energy and Industrial Technology Development Organization)는 PCA[79](제품 상업화 연합) 프로그램을 통해 2020년 Integriculture에 2억 4천만엔을 지원했다.

4) 싱가포르

싱가포르는 식량안보 및 미래식품 강화를 위해 2030년까지 현지에서 생산된 식품으로 국가 영양 요구의 30%를 충족한다는 목표를 가지고 '30X30 전략'을 발표하였으며, 세계 최초의 배양육 판매를 승인했다. 싱가포르는 현재 대체육의 세가지 축인 식물육, 발효육, 배양육의 시판을 모두 허용한 유일한 국가다.

싱가포르는 대체육 분야에 2016년부터 2020년까지 최대 1억 4,400억 달러의 자금을 할당하였으며, Singapore Food Story(SFS) R&D 프로그램을 통해 2020년 1st Alternative Protein Seed Challenge[80]를 공모했다. 이를 통해 Microbial Protein, Cultured Meat, Plant-Based Alternative to Animal Products, Insect Protein, Side Stream Valorisation을 중점적으로 지원하고 있다.

2020년 11월 싱가포르 규제 당국은 Eat Just의 배양육을 이용한 치킨 너겟의 판매를 허가했다. 이를 위해 식품 독성학, 생물 정보학, 영양학, 역학, 공중보건 정책, 식품과학 및 식품기술 분야의 7명의 전문가 패널을 구성하여 최종 제품뿐 아니라 제품 생산의 모든 단계의 안전성을 평가했다.

2022년에는 싱가포르 식품청(SFA)이 핀란드 기반의 푸드테크 기업 솔라푸드(Solar Foods)

---

77) 일본 사회에 구현될 새로운 기술과 중요한 개념에 대한 규칙(법률, 산업 표준, 자율 규제 지침 등)을 설계하는 싱크탱크
78) 현대 사회 문제 해결을 목표로 고위험, 혁신적인 기술을 개발하여 혁신을 촉진하는 국가 연구 개발 기구
79) 3년 이내에 지속가능한 수익을 달성하는 사업 계획, 탄탄한 재무 계획, 목표를 달성할 수 있는 조직 능력을 갖춘 기업을 지원
80) 기술 수준(TRL)이 1~3인 연구를 대상으로 지식 생성을 촉진하고 초기 단계의 혁신 촉진을 목표로 하며, 유망기술과 상업적 잠재력이 높은 프로젝트는 다른 프로그램에 후속 참여를 하여 지속 개발을 장려

사가 개발한 대체 단백질 솔레인(Solein)의 판매를 허가했다. 한국농수산식품유통공사(aT)에 따르면, 솔레인 제품은 2024년도부터 싱가포르 내 판매가 시작될 것으로 전망되며, 솔라푸드 는 현재 미국 및 유럽에서도 판매 허가 신청을 진행 중이다. 상용시에는 아이스크림, 육류 등 기존 식품의 단백질 함량을 높이는 역할로 활용될 것으로 보인다.[81]

5) 네덜란드

최근 네덜란드는 미래 먹거리로 이른바 '대체육'으로 불리는 식물성 단백질을 선택했다. 현 지에서는 축산업의 대전환이라고 할 만큼 변화가 두드러진다. 네덜란드에는 '푸드밸리'라는 생 태계가 구축돼 있다. 푸드밸리(Food Valley)는 대체식품의 요람으로, '녹색 실리콘 밸리'로도 불린다. 인구 4만5000명 규모의 와헤닝언 시(市)를 중심으로 식물성 단백질과 관련된 기업·연 구소만 260곳이 넘는다.[82]

네덜란드는 'AgirFood 2030'을 통해 육류, 생선 및 유제품에 대한 맛있고 건강한 식물 기반 대안 제품 도입을 추진하고 있다. 네덜란드는 국제 식품기업, 연구 기관, Wageningen 대학 및 연구센터를 집적한 Food Valley를 통해 2030년까지 2020년 대비 식물성 단백질 소비 30% 증가를 목표로 제시했다. 또한 네덜란드는 Protein Shift 프로그램을 통해 전 세계의 식 물 단백질 스타트업과 기업을 연결하는 단백질 클러스터를[83] 운영하고 있다.

6) 인도

인도는 증가하고 있는 인구와 식량안보를 해결하기 위해 배양육 연구를 국가적으로 지원하고 있으며, 전문적으로 배양육을 연구할 세포 농업 우수센터(Center of Excellence in Cellular Agriculture) 설립 계획을 발표했다. 인도는 2019년 세포분자생물학센터(CCMB)와 육류에 과 한 국립연구센터(NRCMeat)에 64만 달러의 보조금을 지급했으며, 그 결과 연구센터는 2년간 양고기의 조직 샘플에서 줄기세포를 배양하는 최적의 방법을 연구·개발했다. 또한 인도는 세 포 농업 우수센터 건설에 50억 달러 상당의 자금을 투자할 예정이며, 배양육 식품 규제 및 라 벨링을 위한 식품 안전 및 표준에 대한 당국의 논의를 시작했다.

7) 중국

중국은 지구 온난화 등 환경 문제를 해결하기위해 2030년까지 육류 소비량을 50%로 줄이는 것을 목표로 하는 '규정식 권고안(2016)'을 발표하였고, 부족한 단백질 섭취량 증대를 위해 식 물성 고기 중심의 대체육 개발을 지원하고 있다. 중국은 중국과학원을 통해 식물성 고기 중심 의 대체육 개발 및 보급 확산을 지원하고 있다.

---

81) 싱가포르, 공기로 만든 대체 단백질 판매 허가, 헤럴드, 2022.11.20
82) 네덜란드는 어떻게 대체육 산업의 선봉장이 됐나, chosun Media
83) Food Valley Business Network로 플랫폼 역할을 수행

나. 국내 동향

1) 식용곤충

우리나라는 식용곤충과 관련해서 과거부터 곤충산업 활성화의 일환으로 농림축산식품부에서 중점적으로 정책을 추진하고 있다. 농림축산식품부는 2010년 「곤충산업의 육성 및 지원에 관한 법률」을 제정하고, 2011년 「제1차 곤충산업육성 5개년 종합계획('11~'15)」을 발표했다. 제1차 곤충산업육성 5개년 종합계획'에서는 곤충자원을 한시적 식품원료 및 단미사료로 공정서[84]에 추가하여 산업적 활용범위를 확장했다. 이후 2016년까지 세계 최초 과학적 근거에 의한 곤충 식품원료 등록, 곤충자원의 식의약 소재화 연구, 곤충자원의 대량사육 기술 및 산업화기술 등의 성과를 이뤘다.

이어 「제2차 곤충산업육성 5개년 계획('16~'22)」을 발표하고, 2017년에는 핵심기술 투자 전략으로 곤충 산업 창출 지원을 위한 제품 다양화 및 산업기반 구축을 지원했으며, 이를 통해 소비·유통체계 고도화, 新시장 개척, 생산 기반 조성, 산업인프라 확충을 추진했다.

또한 농림축산식품부에서 2022년 곤충산업 육성을 위한 공충산업화지원사업, 곤충유통사업지원사업 대상자를 최종 선정했다. 곤충산업화지원산업은 산업의 규모화를 위한 곤충 생산 및 가공시설을 구축하는 사업으로 총 5개소를 대상으로 2년간 총사업비 50억원을 투입한다.
곤충유통사업지원사업은 지역 곤충농가단체 조직화 및 균일화, 곤충제품 유통 및 홍보를 위한 사업으로 총 2개소에 총사업비 4억 8,000만원을 투입한다. 앞으로 곤충 유래 원료 및 제품개발, 교육 등 유통 활성화를 위해 각 지자체를 대상으로 1개소를 추가로 선정할 계획이다.[85]

2) 대체육

우리나라는 대체육을 주요 유망 산업 중 하나로 선정하고 대체육 산업 활성화를 위한 정책을 잇달아 발표하고 있다. '제3차 농림식품과학기술 육성 종합계획(2020~2024)(안)'에서 농업 혁신성장·삶의 질 연구개발 강화를 위해 수요 트렌드에 맞는 고품질 농식품 개발·유통을 포함한 5대 중점 연구 분야를 선정했는데, 건강증진 식품 신소재, 메디푸드, 고령친화식품, 3D 식품 프린팅, 식물성 대체단백질 및 마이크로바이옴 기반 포스트 바이오틱스 등 차세대 식품을 선정했으며 중점 연구개발 분야 중 배양육, 식물성 고기, 식용곤충의 핵심기술을 선정하여 기술개발을 지원한다.

또한, 제3차 혁신성장전략회의 안건인 '그린바이오 융합형 신산업 육성방안(관계부처 합동, 2020)'에서 5대 그린바이오 산업 지원 핵심기술 및 유망제품 중 하나로 대체식품을 선정했다. 이에, 대체식품 제조를 위한 최적원료 발굴 및 함량 증진, 육류 모사 가공 기술, 세포 배양 기

---

84) 밀웜, 슈퍼밀웜, 귀뚜라미, 메뚜기, 동애등에 유충, 번데기, 장구벌레, 파리유충
85) 2022년 곤충산업 육성 지원사업 대상자 최종 선정, 한국농수산식품유통공사

술 등 R&D 중점의 투자가 진행될 예정이며 대체식품 안전관리 기준 및 식품첨가물 사용 기
준을 마련할 예정이다.

09

결론

9. 결론[86)[87)

가. 세계 대체육 산업

대체육이란 실제 동물을 사용하지 않고도 고기의 맛과 식감을 낼 수 있는 식료품을 의미한다. 대체육은 크게 세 가지로 분류되는데 콩과 같은 식물성 원재료를 사용하여 만드는 식물성 고기(plant-based meat), 세포의 동물을 배양하여 축산농가 없이 고기를 만드는 배양육, 식용곤충이다. 배양육은 비용 및 대량 생산 등의 이슈로 현재 상용화 이전 단계이며 2022년 이후부터 상용화가 가능할 것으로 기대된다. 식용곤충은 벨기에, 유럽, 핀란드 등 주요 유럽국가에서 상용화가 허용되었고, 곤충 섭취에 대한 소비자 거부감을 극복하기 위해 노력 중이다.

현재 대체육 시장에서 가장 주목을 받는 분야는 식물성 고기로, 이는 고기를 구성하는 단백질, 탄수화물, 지방질, 미네랄, 비타민 등의 주요 성분을 식물에서 추출한 뒤 유전 공학 기술을 통해 소고기, 닭고기, 돼지고기 등의 분자 구성을 모방함으로써 대체육을 만든다.

최근 코로나19사태로 인해 대체육 시장이 주목을 받고 있다. 세계 주요 육류 수출국인 미국 및 캐나다의 육류가공 공장에서 코로나19 집단 감염 발생으로 인한 육류 유통구조에 차질이 생기면서 육류 소비자의 패러다임이 변화하고 있고, 글로벌 트렌드로 자리잡아가는 비건주의 및 채식주의자 증가와 더불어 일반 대중들도 건강에 대해 관심이 높아지면서 자연스럽게 대체육 시장이 주목 받고 있는 것이다. 또한 장기적으로 기후변화관련 인류의 지속가능성을 고려할 경우 채식 위주의 식단이 부각되면서 대체육에 대한 관심은 더욱 높아질 전망이다.

이에 세계 대체육 시장은 급성장할 것으로 예상되며, 따라서 대체육 산업에 뛰어드는 스타트업 및 대기업들이 증가하고 있다. 또한, 이에 대한 벤처캐피탈의 투자도 확대되고 있는 추세다. 각 분야별로 살펴보면, 먼저 배양육 시장을 선점하기 위해 매년 더 많은 새로운 회사가 생기고 있으며, 벤처캐피탈의 투자도 활발하게 진행 중이나 국내 산업은 아직 걸음마 단계다. 다음으로 식물성 고기 시장은 스타트업뿐만 아니라 세계 주요 대형 식품회사들도 핵심 품목으로 설정하여 투자를 진행 중이며, 식물성 고기의 원료가 되는 TVP 생산업체도 주목을 받고 있다. 마지막으로 식용곤충 시장은 현재 사료용 제품 개발 및 판매가 중점적으로 이루어지고 있으나, 단백질, 유지 등 유효 성분을 이용한 신규소재 제품이 시장에 출시되고 있다.

이뿐만 아니라, 해외 주요국은 식량안보 및 지속 가능한 식량 시스템 관점에서 단백질 전환을 주요 이슈로 보고 관련 정책을 발표하고 있으며, 새롭게 태동하는 대체육 시장을 위한 규제 및 감독 방안을 마련하고 있다. 미국은 배양육 시장 출시에 앞서 배양육 생산부터 판매까지의 전 과정에 대한 공동 규제 및 관련 제도 마련을 합의했고, EU는 식물성 단백질로의 전환에 초점을 맞추고 대체 단백질 분야 연구 및 관련 예산을 증액했다. 마지막으로 일본은 2020년 코로나-19로 인한 영향으로 대체육 연구개발을 지원하는 정책을 잇달아 발표하고 있으며, 산·학·정부 간 협력을 통해 규제 마련을 추진하고 있다. 한국은 최근 대체육을 유망산업 중 하나로 선정하고 핵심기술 R&D 중점 투자 및 대체육 관련 제도 마련 계획을 발표하였다.

---

86) 대체육, 교보증권, 2020.05.13
87) 대체육(代替肉), 기술동향브리프, 2021

나. 국내 대체육 산업

 현재 한국의 경우 해외에 비해 4~5년 가량 기술 수준이 뒤쳐진 것으로 판단된다. 최근 벤처 기업을 중심으로 원천기술 특허 출원 사례가 증가하고 있으나 국내는 한정적인 단백질 소재를 사용하고 있으며, 실제 육류의 조직감·맛·풍미 등 육류 특성 모방 기술 및 다양한 제품이 부족한 실정이다.

 따라서 대체식품 소재 및 원천기술 개발·확보를 위해 정부의 R&D 투자를 확대하고, 정부의 기술개발 지원 형태는 산·학·연 또는 기업 간 다양한 형태의 개방화된 혁신적 R&D를 우선 지원하며, 식품기업이 대체식품 사업을 확장하기 위해서는 스타트업 등 외부 조직과의 연대를 통한 혁신기술 개발이 바람직하며, 대체식품 기술 이전 및 거래 활성화를 위한 플랫폼 구축도 필요하다.

 또한 기술기반 사업화 촉진을 위해 기술개발-투자-사업화 연계 R&BD를 추진하고, 해외에 비해 기술수준이 낮은 기술의 개발은 기초 R&D와 상용화 단계를 분리한 중장기 기술개발 접근방식으로 하며, 농업과의 연계성을 고려한 대체소재 기술의 개발도 필요하다.

 대체식품의 경우 소비자의 인식개선과 홍보가 중요한 요소로 손꼽힌다. 따라서, 대체식품의 자원에너지 절약 및 환경 개선, 가축질병 감축 등 공공성 목적을 지닌 정보 제공을 통한 소비자 인식 개선 및 대국민 홍보가 필요하다.[88]

---

88) 세계 대체육류 개발 동향, 세계 농식품산업 동향, 2018

10

참고문헌

10. 참고문헌

[1] 세계 푸드테크 산업의 동향과 전망, 장우정, Journal of the Korea Convergence Society Vol. 11. No. 4, pp. 247-254, 2020

[2] [전문가의 눈] 식품산업 신성장동력 푸드테크 육성을, 농민신문, 2020.07.27

[3] [지식정보] 푸드테크 산업, 리테일온, 2021.02.04

[4] 세계 대체육류 개발 동향, 세계 농식품산업 동향, 2018

[5] 대체육(代替肉), 기술동향브리프, 2021

[6] 식육 및 육가공 산업에서의 육류 대체 식품 및 소재의 활용, 축산식품과학과 산업, 2018

[7] Beyond Meat, 삼성증권, 2020.07.10

[8] [밥상 위 혁명 푸드테크②] 대체육 바람~ 임파서블 푸드.비욘드미트는 어떻게 성공했나, 푸드투데이, 2020.05.28

[9] 한투의아침, 한국투자증권, 2019.05.28

[10] [IF] 배양육만 있나? 배양생선도 있지!, 조선일보, 2020.06.04.

[11] [PRNewswire] Ynsect, 시리즈 C 자금조달 라운드로 3억7천200만 달러 유치, 연합뉴스, 2020.10.09

[12] [FI창간1주년특집Ⅱ-미래식량: 배양육]② 멤피스 미트(Memphis Meats)-세포 기반 배양육 만들어 2016년 미트볼 첫 선, 푸드아이콘, 2018.12.04

[13] 대체 단백질, 배양육 소재의 최신 연구 동향, 최정석, 식품산업과 영양 24(2), 15~20, 2019

[14] 고기없는 육식시대…3~4년 내 '실험실 고기 버거' 팔린다, 매일경제, 2020.05.18

[15] 대체육 코로나19로 소비자 접점 확대는 성장 기회, 교보증권, 2020.05.13

[16] [변화를 주목하라] 부상하는 글로벌 '대체육' 시장…한국은?, 이코노믹리뷰, 2019.06.27

[17] 동원F&B·투썸플레이스, 식물성 대체육 샌드위치 2종 선봬, 이투데이, 2021.02.24.

[18] 롯데, '미래 먹거리' 대체 육류에 전사 역량 쏟는다, 이데일리, 2020.06.08

[19] 줄기세포 배양육 '셀미트', 프라이머 등에서 투자유치.. "비켜!! 식물성 대체육", wowtale, 2020.01.10

[20] 셀미트, 4억여원 투자 유치… 배양육 생산기술 개발 착수, 전자신문, 2020.01.10

[21] 배양육 생산기술 개발 회사 '셀미트', 50억원 규모 프리 A 투자 유치, platum, 2021.01.25

[22] [인터뷰] 다나그린 "푸드테크 '배양육' 분야의 마켓리더 될 것", 바이오타임즈, 2020.08.25

[23] [라이징 스타트업]'육식주의자'의 식탁을 바꾸는 지구인컴퍼니, 블로터, 2021.04.03

[24] 식물성 대체육 '주목'…지구인컴퍼니, '언리미트' 론칭 "글로벌 진출 목표", 위키리스크한국, 2019.10.17

[25] [FFTK2020 인터뷰] 민금채 지구인컴퍼니 대표 "비건 시장 지속 확대…'언리미트'로 지구를 건강하게", 메트로신문, 2020.06.29

[26] 식물성 고기 푸드테크 스타트업 '지구인컴퍼니', 100억 규모 시리즈B 투자 유치, platum, 2021.02.19.

초판 1쇄 인쇄 2021년 5월 12일
초판 1쇄 발행 2021년 6월 07일
개정판 발행 2023년 7월 10일

편저 비피기술거래 비피제이기술거래
펴낸곳 비티타임즈
발행자번호 959406
주소 전북 전주시 서신동 780-2
대표전화 063 277 3557
팩스 063 277 3558
이메일 bpj3558@naver.com
ISBN 979-11-6345-455-7(93590)
가격 66,000원

이 도서의 국립중앙도서관 출판예정도서목록(CIP)은 서지정보유통지원시스템홈페이지
(http://seoji.nl.go.kr)와국가자료공동목록시스템 (http://www.nl.go.kr/kolisnet)에서 이용하
실 수 있습니다.